U0449839

预期思维

让自己的未来更值钱

Ray先森 ◎ 著

中国水利水电出版社
www.waterpub.com.cn
·北京·

内 容 提 要

预期思维是一种前瞻性的思维方式。对未来的展望和判断，会影响我们的思想、决策和行为，从而塑造我们现在的状态。

本书立足当下，着眼未来，从能力、成长、学习、情感、人际、思维六大维度，全方位分析个人进阶路上的关键问题，提出了对未来的预期，以及怎么做的具体行为。让我们在存在不确定的情况下，仍能做出长远的决定和行动，提升自身价值。

图书在版编目（CIP）数据

预期思维：让自己的未来更值钱 / Ray先森著. -- 北京：中国水利水电出版社，2021.8
ISBN 978-7-5170-9816-4

Ⅰ. ①预… Ⅱ. ①R… Ⅲ. ①思维方法－研究 Ⅳ. ①B804

中国版本图书馆CIP数据核字(2021)第156552号

书　　名	预期思维：让自己的未来更值钱 YUQI SIWEI: RANG ZIJI DE WEILAI GENG ZHIQIAN
作　　者	Ray先森　著
出版发行	中国水利水电出版社 （北京市海淀区玉渊潭南路1号D座　100038） 网址：www.waterpub.com.cn E-mail: sales@waterpub.com.cn 电话：（010）68367658（营销中心）
经　　售	北京科水图书销售中心（零售） 电话：（010）88383994、63202643、68545874 全国各地新华书店和相关出版物销售网点
排　　版	北京水利万物传媒有限公司
印　　刷	天津旭非印刷有限公司
规　　格	146mm×210mm　32开本　8.25印张　168千字
版　　次	2021年8月第1版　2021年8月第1次印刷
定　　价	49.80元

凡购买我社图书，如有缺页、倒页、脱页的，本社发行部负责调换
版权所有·侵权必究

目 录 CONTENTS

第一章 Chapter 1　能力预期：优化职场思维，进阶有道

做事靠谱，是对职场人的最高评价　　002
"收到"后的回复，彰显着你的职业化程度　　011
比成功更重要的，是获得可叠加式的进步　　019
接受"996"的前提，是看得到价值　　025
那些晋升的人，靠的是什么？　　034

第二章 Chapter 2　成长预期：找准人生方向，向上而为

习惯性拖延，本质是对未知的恐惧和逃避　　044
混得好的人，都有哪些特点？　　054
高效的勤奋，远胜低效的努力　　066
所有的道理，都是越早想明白越好　　077
人生最大的不该，是被定义　　083

第三章 Chapter 3

学习预期：掌握生存法则，逆势成长

职场求职闯关，请先想好这 12 个问题	092
一切进步，从学会深度思考开始	104
固执，不过是一种愚蠢的表现	112
什么样的人最容易抓住机会？	119
辞职前先想清楚，是因为什么	125

第四章 Chapter 4

情感预期：强化情绪管理，完善自我

为什么总有些习惯性反驳别人的人？	136
抓住工作重点，才是真正重要的事	142
有热情，不等于能坚持	149
不要总想着改变他人的想法	158
谈钱，是婚姻中提升幸福感的重要途径	164

第五章 人际预期：精准把握人脉，互利共赢

懂得"向上管理"，做成熟的职场人　　　　　　　　174

有效社交，建立在互助互利的原则之上　　　　　　182

职场新人最大的误区，是停留在学生思维　　　　　189

了解职场社交真相，掌握职场社交法则　　　　　　197

做到超预期，实现成长的正循环　　　　　　　　　203

第六章 思维预期：学会提前预判，规避风险

为什么总有人能顺利避开职场危机？　　　　　　　212

关注的信息越多，得到的却越少　　　　　　　　　220

每个人的发展路径，都值得思考和借鉴　　　　　　228

把精力放在重要的事情上，才没有浪费生命　　　　235

4个阶段、14个方向、42个问题，看透职场发展全过程　243

Chapter 1

第一章

能力预期
优化职场思维,进阶有道

做事靠谱，是对职场人的最高评价

不知道你有没有发现，在职场上，很多时候发展得最好的那些职场人都有一个特点——非常靠谱。

靠谱，很多人都会说，但这不是那么容易做到的，而它又是那么重要，所以我们对它讨论再多都不为过。如果让身边人评价自己一下，大多数人都会希望得到"做事靠谱"的评价。

那么应该如何快速提高行动力，做一个靠谱的职场人呢？

1
为什么原谅很容易，再次信任却很难？

前段时间和几个同事聊一个话题："如何在职场上做一个靠谱的人？"

话音刚落，大家七嘴八舌地打开了话匣子，什么样的答案都冒出来了：有的说把领导伺候好就是靠谱；有的说把工作安排好就是靠谱；也有的说和身边的同事打好交道就是靠谱；还有的说不惹麻烦就是靠谱。

总之，说了那么多，各有各的道理，似乎谁也说服不了谁，其中有个小伙伴一直默不作声,这个男生平时话不多,做起事来却雷厉风行,但凡领导交代的任务都能圆满完成,而且从来没有居功自傲的样子。于是我把问题抛给了他,他讲了一段自己的经历:刚刚毕业的那一年,他以学院优秀毕业生的身份进入一家南方互联网大厂,在公司干得风生水起,不久就被列入管培生的名单,他以为他的职场春天就要来了。但事实恰恰相反,有一次,他的疏忽失误,导致整个项目的中途搁置,后来他低着头拼命向领导道歉,说了无数个对不起,结果领导对他说:"你做错了事情,知道道歉这很好。但是你要知道道歉其实是于事无补的,事情已经发生了,道歉也没有用。如果我是你,我今天想的不是如何向领导道歉,而是如何再次取得他对我的信任。"

小伙伴解释道,他是一个非常在意对错是非的人,因为他的世界全部由外界对他的评价构成,所以他认为犯错了就道歉,然后被原谅,问题就解决了。

然而,职场里的生存法则并没有这么简单。一个职场人想要活得好,最关键的是能够构建丰富紧密的社会协作,丰富紧密的社会协作的背后是信任,如果别人对你连基本的信任都没有,你的职场价值和存在感就降低了。自然而然,你便谈不上靠谱了。

回到刚刚说的问题,关于靠谱,很多人都有自己的答案,但是在职场上做一个让人信任甚至能托付大事的人,可能才是靠谱的体现。

凭什么领导在你刚刚进入公司就委以重任?凭什么领导可以让

你在一个未知领域放手去干？凭什么领导可以让你带着一帮年龄比你大的员工？

如果你做不到在职场上让人信任，那么以上所说的真的只是"凭什么"而已，被人信任是靠谱的一种定义，而采取行动就是靠谱的一种表现。要想获得信任，你还要拿出让人信任你的行动来。

<h2 style="text-align:center">2
行动，是检验靠谱的有效标准</h2>

北大陈春花教授曾经在海底捞吃饭时遇到这么一件事情：有一次，她被海底捞的员工提醒菜点多了。他们人很少，但想多试几样菜品，服务员说："你们人不多，如果是想试试菜品，每一个都可以点半份。"

这是服务员第一次给她的惊喜，这是很奇特的感受。但她点的半份还是很多，服务员就说："我觉得您还是点的多了，如果您特别想品尝这些食物，我帮您直接打包好，您可以带回家品尝。"

他接着又说："您回家品尝这些食物会影响口感，要不我这次给您免单，您下次再来吃。"

他连续给了三个解决方案，陈春花老师就变成海底捞的忠实顾客了，很长一段时间只要有人来看她，她就请朋友去吃海底捞。后来一个朋友开玩笑说："你除了会吃海底捞还会吃什么？"她说她选择海底捞是要回馈那个店员。

我看过很多餐饮业培训都会交代员工"顾客是唯一的上帝""服务好每一位顾客"的服务宗旨，但如何真正做到服务好每一位顾客，甚至做一家靠谱的餐厅，却没有一个硬性的标准。

真正好的服务不是及时给你端茶倒水，那种事任何人都会做，服务的本质是用户思维。

用具体行动去设身处地地处理用户的问题和难处，这才是一个优秀餐饮店获得被用户尊重和信任的方法。

这个道理同样适用于职场，一个职场人之所以值得信任，除了工作能力强、沟通效率高这些标配条件之外，更重要的是面对突发情况，他有自己的一套成熟的预案，可以用行动为你解决问题，让你打心底里信任他，而不是出了问题就道歉，一味地道歉其实是最不值钱且效率最低的解决方法。

很多人害怕出现问题，因为他们常常怕搞不定而很难堪，而靠谱的职场人则恰恰相反，他们会觉得这是一个好的时机，正好可以展现自己的魅力。就像上文提到的那个小伙伴，平时工作话不多，坐在公司角落里常常被人误以为是修电脑的同事，但关键时刻总能第一时间冲出来给出一个解决方案，一顿操作分分钟帮你填坑。久而久之，愿意找他帮忙的人就越来越多了。

这种靠谱来自哪儿？来自行动力。

行动背后往往暗藏着一种"掌控感"，这样的掌控感往往会让你产生以目标为导向的想法，趋近于不择手段去达成目的，这在职场是一种非常好的工作态度。

要知道，没有行动力，靠谱就是一张没有任何兑现价值的空头支票。

3
如何用行动，让别人信任你？

不知道你有没有这样的经历：周五了，办公室里有小伙伴提议下班后一起聚餐。

众人附议"好，好，好"，但是去吃什么呢？

有人说，小龙虾不错，最近刚刚上市！有人说，隔壁开了家清汤牛肉火锅，听说味道很好！也有人说，不如去吃烧烤吧，夏天不整烧烤像话吗？还有人说，你们定吧，我吃什么都行。

结果一般情况就是大家从6点钟讨论到8点才确定好要吃什么，等到一帮人堵着车排着号吃完已经11点了，这样的经历简直太痛苦了。

说实话，我特别反感这样的聚会，一是浪费了太多的时间在商量吃什么；二是选择的地方太远，出行成本太高；三是吃完已经是深夜，不方便回家。

那真正会组织活动的方式是什么样的呢？如果你是公司的HR，经常负责公司聚会订餐，不妨学习一下！

（1）直接推荐你最近去的一个非常好吃的餐厅（直奔主题，省去思考的时间成本）。

（2）其中×××和×××菜品非常好吃，保证你吃了还想去（说出具体细节，增加可信度）。

（3）大家今晚跟我走，保证你吃完就走，绝不耽误你早点儿回家（给出承诺，让人信任）。

这样的方式是不是很直截了当地解决了问题？

你可能会说，众口难调。满足不了所有人的要求，那就在有限的条件内满足大部分人的要求，谁都不可能面面俱到，但如果你能让大多数人都信任你，相信我，你离成功就更近了一步。

同理，上面的步骤我们完全可以套用到日常工作当中，比如你可以这样和你的领导汇报工作：

（1）2019年下半年的预定销售目标为500万元（直奔主题，省去思考的时间成本）。

（2）我会按照3个步骤、6个措施，以及2个预备方案去完成目标（说出具体细节，增加可信度）。

（3）截至今年11月，预计完成拟定目标的80%，余下按预备方案执行（给出承诺，让人信任）。

行动的本质，就是完成对远大目标的细致拆解。

我以前在一家销售型公司工作，公司的销售员工每天早上例会就是喊各种口号：今天我的目标是20万元；我要电话销售拿下30个客户；一天做出50万元。

反正口号随便喊，到晚上能不能实现、实现了多少谁也不知道。

就像你和你的领导承诺要半年做出500万元的业绩，哪怕你给领导打一晚上的"鸡血"也没用,人家根本不吃你这套,你要把这个大目标拆成一堆小目标,然后去一个一个地琢磨怎么实现。

在这里我并不是嘲讽前同事,我想说的是,但凡一个高手能被人信任,和对方能完成对目标的拆解和执行是分不开的。拆解和执行,就考验一个职场人对于行动的理解和参悟了。

4
如何训练高度行动力?和你分享3种做法

看到这里可能还有人会说,道理我都懂,可是我做不到啊!

做不到没关系,很多事谁都不是天生就会的,与其想着远大前程、宏伟目标,不如先学会如何提高行动力,用最踏实的做法搞定眼前的问题。

关于如何提高行动力,不妨试试以下3种做法。

(1)用现场行动争取被信任

最近刚好和一位同事交接工作,知道对方很忙,我提前准备好了对方需要的资料,也清楚地标注了对方需要提交的材料,甚至还提出了交接的具体时间,对方看了之后满口答应。

结果一上午过去了,什么都没有给我。

我非常着急,因为这是领导安排给我的工作,我干不好是要被骂的。于是我又问了一下进度,对方说很忙,等下午和我反馈,可等到了下午还是没有反馈,我再问,对方却说要不明天再给吧。那一刻我就明白了，我只能靠自己了。

也就是说，我这一天的时间全被浪费了，这个项目什么进度都没有，像这样的合作方式明显就是存在缺陷的。

显然，对方并没采取行动以挽回我对他的信任，反而把时间越拖越久，久而久之，我估计愿意和他合作的人都不多了。

关于如何提高行动力，第一步就是用现场行动争取被信任，能做就说能做，不能做就直接告知对方不能做。最怕的就是满口答应你"我一定办好"，最后留下一个烂摊子等你去收拾。

（2）对错本身不重要，行动的本质才重要

在职场上还有一种更奇葩的状况就是，很多人非常纠结于是非对错问题，非要挑出领导或者员工的差错，以此来证明自己的优秀和见识卓越。

这不是优秀，而是真的蠢。

其实，一个公司从来没有完美的决策，只要不会有太大的问题，就可以先干起来。

我见过很多职场人，喜欢把所有的事情都事无巨细地先想好，其实在最开始搭框架、想思路的时候，想得越多，你会发现问题越多，最后，你不得不和领导说："领导这活儿全是坑，我干不了。"

领导心想：我要你何用？

行动，是一切工作的本质，行动的表现就是持续争取资源、优化动作，直到达成目标。

所以没事的时候，少想点儿是非对错，要知道很多事只看结果。

（3）提高行动力，记得学会定量思维

给你举个例子，很多领导在听别人汇报工作的时候，最喜欢打断员工说："不对，你这个方案不合理，这里有问题。"

这个简单的说明问题对错的过程就是定性。如何判定何为定性思维？

很简单，定性思维会让行动暂停，对事情的推进没有任何帮助，这个时候我们应该学会的是定量思维。也就是说，当你发现一个方案不合理的时候，你应该做的是找出哪个地方不合理，我们可以把A改成B，再加一点儿C，同时做好D，这样就更好了。

善于利用定量思维的人，会对结果非常专注，同时也会非常在意行动的质量。

行动，让自己更靠谱；靠谱，让自己被信任；信任，让自己更有价值。

当我们讨论一个人靠谱与否的时候，其实是对他的一种综合判断。

"收到"后的回复,彰显着你的职业化程度

过年期间和一位做行政的朋友聚会。谈及她在工作中最烦心的事,莫过于群发通知每个人事项。

每周必须提交的周报总结、公司安排的团建任务、领导下发给个人的执行事项信息,每次在工作群里群发之后,即便是@到每个人,总有几个人不紧不慢,看到了也不回复。一来二去,常常因为几个人的不重视而导致整个项目的停滞。

有时候朋友还需要私信确认他们是否收到信息,而对方常常是一副无所谓的样子:"我知道啊,群里的信息我都看到了啊!"

"那看到了怎么不回复?"

"回不回复有那么重要吗,我知道就行了!"

朋友说:"隔着电脑屏幕,总有些人永远不知道她等得有多焦急。看到了也不回复,浪费的不仅是她个人的时间,更耽误了整个项目的进度。"

回复"收到"两个字,花不了一分钟的时间,但是对通知者而言,是一种证明和交代。

用朋友的话说就是:职场社交最大的不靠谱,就是收到不回复。

1
收到后的回复,是靠谱的体现

刘润老师在"5分钟商学院"的课程中分享了一个"职业化程度"的概念。职业化具体讲的是什么?

其实也没什么,就是明白独自上出租车,你该坐哪儿;如果是老板开车,你坐哪儿;如果老板开车,上级也在,你坐哪儿;如果老板开车,上级也在,但还有位女士,你坐哪儿?

可能有人会问了,有必要搞那么复杂吗?随便坐不就完了,他们不会在意的。

事情当然不是这么简单,这些看似无关紧要的职场问题背后隐藏着一个思维方式:永远要站在对方舒不舒服的角度去考虑问题。

就像我们经常会在微信群里看到@自己的信息,为什么有人积极回复,有人却视而不见?

难道是因为前者闲着没事做吗?当然不是。及时有效地回复别人的信息,不仅代表了你的工作能力和效率,同时也侧面反映了你对他的重视程度。明明看到信息却不回复,谁的心里恐怕都会不舒服的吧?

曾经拿这个"收到消息要不要立刻回复"的问题,问过一位职场老前辈,他和我说的是"领导在短时间内不一定了解你的工作能力,但是你的工作积极性和配合参与度却是一句收到"就能体现出来的。

领导更在乎的是所有员工了解手中事情的执行进度，而你的一句"收到"恰恰表示了你对这个项目的知晓。

再说了，连别人主动@你都不搭理，那你还要别人亲自当面和你说吗？

在职场和人合作，没什么比让别人舒服更让人喜欢的了。在职场这么多年，这位前辈一直就是这方面的典范，别看他在公司位高权重，是元老级的人物，却从来没有一点儿架子，无论年纪多小、职位多低的员工都可以向他请教、帮忙。

这位老前辈常常把这句话挂在嘴边：如果你也想和别人舒舒服服地把事情给办了，那首先你得和人相处起来舒服。

其实职场上的"舒服"二字看似简单，内里却藏着一个职场人的基本功。

和其他同事执行一项任务，你是否会半途而废？其他部门的同事问你的问题，你帮不了会干脆不理人家吗？别人跟你说一件事，你办不办得成，都一定会回复吗？如果当时不能及时回复，在你能回复的时候，你会解释一下上次没有回复的原因吗？

这就叫有开头必有结尾，不管什么事情到你这里都得舒舒服服给人办好了。

让人舒服了，自己才会舒服，这种靠谱里恰好透露着你的职业化程度。

2
从一而终地反馈，是对事情最好的负责

有一次，部门经理在工作群里发了一张他和一个同事的工作交接流程图，他们之间的对话是这样的：

领导："这件事你做了吗？"
员工："做了。"
领导："做到什么程度了？"
员工："做完了。"
领导："什么时候做完的？"
员工："上周就做完了。"
领导："那你为什么没有告诉我呢？"
员工："你之前不是没问吗？"

以前经常听领导开会拿"为什么这事到你这里就断了"来说事，用领导的话说就是："做事要有始有终，不要什么事都等着我来问你们，有头无尾地执行与反馈等于瞎子走进死胡同，最后连问题出在哪儿都找不到。"

"不及时反馈"甚至"反馈中断"常常在很多初入职场的人身上发生，这并不代表他们没有努力做事，而是他们没有意识到及时反馈的重要性，这往往会造成很多的麻烦。

其实，在职场上所说的"收到即回复"，是更好地完成了沟通和执行中的整个闭环。从一而终地反馈，恰恰能让执行者和领导者都对这个项目有更清楚的了解。

罗振宇曾经在《罗辑思维》一书里讲过一个故事：当年他刚入行做媒体的时候，一位老记者说，张瑞敏在海尔抓管理，非常注重执行和反馈上的"闭环"二字。

比如在把椅子从桌子下拖出来，坐下开始工作。但是要起身去办事时，一定要把椅子推回去，否则就是犯规。海尔管理员工闭环，就是从这么细致的地方入手。

那位老记者怕他不信，现场做了个示范，他拿起电话，给青岛的海尔总部总机拨了个电话，接通之后说："我找罗振宇。"

海尔哪有叫罗振宇的，所以总机接待的员工就问："罗振宇是哪个部门的？"

老记者就瞎编了个部门，总机说："您给我几分钟，我来查一下，我让他回电话给您。"

一般像这样查无此人的情况，就当打错电话了。

但是过了几分钟，那位总机竟然把电话回过来了，说整个海尔都查过了，确实没有罗振宇这个人。

当时已经有电脑了，所以确定有没有这个人并不难。但是难在有始有终，海尔总机接线员把这个动作和反馈的闭环完成了。

一个总机接线员，接到一个问询，他不能让这个事耽误在自己手里，无论如何他都要给出一个结果。

好的反馈，在意的是完成执行和沟通中的闭环。与此同时，在这个收益按小时计算的职场中，一个有效而及时的反馈最能节约他人的时间成本。

所以，你在完成一项棘手的任务后要及时去反馈，而正是这样细致入微、有头有尾的反馈，体现了一个职场人的靠谱程度。

靠谱不是说你很能干，也不是说你答应了什么就一定能做到什么，真正的靠谱，是把事情从头到尾不打折扣地完成。

3
你的时间颗粒度，拉开你和别人的距离

上文中的那位朋友，和我说到这件事情的时候，最后总结了一句：其实我知道有些人明明看到了我群发的工作信息，他们也不会立马回复我，是因为他们很忙吗？不是的，他们甚至有可能在玩手机、看微博。

其实在职场上要判断一个人的价值，有一个非常简单又好用的衡量标准：看看他对于时间的态度就知道了。

回复信息的快慢，做事是否拖泥带水，上班期间是否浪费时间做其他的事情……这些看起来都是小事，但一个人是否职业化，你可以通过他对时间的态度看出来。

之前看过一张王健林的行程表。这位62岁的中国首富，早上4点起床健身，然后飞行6000千米，出现在两个国家、三个城市，

晚上7点赶回办公室，继续加班。

从这样连轴转、高密度的工作行程中，我们完全可以窥见一个人对于时间分秒必争的态度。

其实这样的场景在我的朋友圈也常常出现，很多朋友上午还在北京工作，下午就在深圳开会，恨不得把24小时揉碎了用。

关于对时间的态度，刘润老师曾提出过"时间颗粒度"的概念。

时间颗粒度，就是一个人安排时间的基本单位。有些人能把时间颗粒度分割成分钟，比如王健林只留下15分钟和领导见面；而有些人对于时间则非常慷慨，一天如流水哗啦啦随便任其流走。

衡量一个人在商业中是否职业化，恪守时间是一项最基本的要求。如果你理解了"时间颗粒度"的概念就会明白，恪守时间就是理解并尊重别人的时间颗粒度。

我曾经去拜访过一家公司的领导，预约的时间是早上9点钟，我提前30分钟就到了，到了他们公司之后一个人都没有，到了9点半公司才陆陆续续有人来上班，而且一群人吃早餐、聊天、玩手机，整个环境闹哄哄的，就像个菜市场。那次拜访之后，我主动和公司申请换掉这家供应商，原因就是对方完全没有时间概念，就这么任由客户的时间白白浪费。

理解是尊重的前提。家人从小就教育我，要尊重别人的时间，不能因为自己的不守时而耽误别人的事情，所以后来但凡发信息沟通不了的事情，我一定会第一时间打电话沟通，而不是就这么搁着不管不问。

时间颗粒度越小，人生密度越大，个人职场质量越高。时间颗粒度大的人，通常是用时间换钱，所以才会出现职场磨洋工、浑水摸鱼的偷懒行为；时间颗粒度小的人，则是用钱买时间，所以才会有人愿意花几百万元和巴菲特吃顿饭。

比成功更重要的，是获得可叠加式的进步

在职场上，你会发现真正厉害的人，都不是追求一时的收获，而是布局深远，令人叹服。

吴军在《格局》一书中写道："格局大的人追求的是重复的成功和可叠加式的进步，格局小的人满足于自己某件事做得快、做得漂亮。"其实我更喜欢吴军在一篇文章中说的这段话："选择一个比较高的起点，往前走一步都要积蓄更多的势能，让每一步都成为下一次进步的基点，而不是每一次都要重新开始。"

否则走得再远，都只是原地踏步而已。

1
追求可叠加式的进步，让成功从偶然变成必然

韩寒曾经写过一篇文章，说自己经常因为在各个方面都练了两下子，就对专业领域的选手不屑一顾，总觉得自己分分钟能把对方干趴下。结果不是在足球场被小学生碾压连进20个球，就是被潘晓婷这样的九球天后暴击一整晚。

说到底，很多人可能在某些方面偶尔取得了看起来非常不错的

成就，就以为自己真的很厉害了，继而对专业人士的能力和素质不屑一顾，用韩寒的话说就是："我对这种力量一无所知。"这样的情况在我身边也时常发生，以前在教很多写作学员的时候，他们一开始就问我："你不要教那些所谓的方法论，那我都知道，你就告诉我，我怎么才能写出爆文？怎么才能上稿大号？怎么才能写文卖钱？"

说实话，这样的问题哪有什么标准答案。

熟悉网球的朋友都知道，在网球比赛中有一个ace球，你能发出ace球就代表可以直接得分，一个非专业的球手，偶尔也能发出ace球，但他很难复制那种成功，而真正的高手可以在一场比赛中不断发出ace球。

号称"20世纪最优秀的网球选手"之一的伊万尼塞维奇，他曾在一年内的正式比赛中发出将近1500个ace球。和业余选手相比，他的动作更标准，更重要的是每次发球动作一致性极高，说他是一个发球机也不为过。很多时候那些看起来无法企及的成功，往往就来源于这些单调的重复。

人们常常被成功时的惊艳所吸引，却忽略了那背后千万次的积累。美国开国元勋亚当斯说过："我必须学习政治和战争，我的儿子才有机会学习数学和哲学，这样，他的孩子也才有机会学习艺术。"

任何一项伟大的成就，都是在此前的基础上不断有效的叠加，学习如此、行走如此，连我们的财富积累也是如此。

偶然的成功，不代表拥有长久成功的能力；偶然的失败，却能推倒所有的成功。这些年我经常会看到很多人，总是将自己短暂的成功归因于个人的机智与才华，总觉得自己就该发财走运，殊不知过度迷恋偶然的成功，会让人忽视重复成功和叠加式进步的可能，将个人命运投掷在不确定性之中，看起来很潇洒，实则不过是自我麻痹而已。

2
专注在某一方面，让每一步都尽可能少走弯路

吴军在《格局》这本书中讲到，他的弟弟从斯坦福大学毕业后，就进入硅谷后来最大的半导体公司之一的美满电子，从一个普通的研究人员做起，13年后成为该公司的CFO，这在硅谷的中国员工中其实是非常少见的。

为什么在这么短的时间内就能取得如此惊人的成绩？

是因为他放弃了很多看起来非常具有诱惑力的机会，他能花七八年的时间专注在一个产品上，将它做到全世界市场占有率第一，而且每年能够产生超过10亿美元的营业额。

与此同时，他还获得了280项美国和世界专利，这也确立了他在半导体行业技术和管理专家的地位。

在后来的交谈中，他的弟弟在总结成功的原因时也曾经表示：要敢于放弃所有不能对长远发展有用的短期机会。而敢于放弃那些

充满诱惑力的短期机会，对一个人的格局和眼界有着巨大的考验。

最关键的是要学会做减法，专注在某一方面，将一件事做到极致。

商业评论家金错刀也在他的文章中，说过一个发生在朋友身上的类似的故事：有一次出差，公司破天荒地给朋友配了头等舱，朋友很兴奋，拿出自己公司生产的手机准备拍照留念。

旁边一位貌不惊人、50来岁的先生认出了他的手机，于是俩人有了一番攀谈。

交谈中朋友得知这位先生是做吸管生意的（就是喝饮料用的那种塑料吸管），平均卖100根才能赚几分钱的利润。当时那位朋友内心的想法是，这得卖多少吸管才能坐得起头等舱？

于是问了一下："您一天能生产几万根吸管啊？"

对方回答："平均每天能生产1.7亿根。全中国3/4的吸管都是我生产的。"

让很多人没有想到的是，一根小小的吸管，他用了20多年时间，做到全球超过三成的市场份额，毛利100%、净利22%，拥有全球2/3的吸管专利，全球吸管行业标准是他的公司主导发布的。

后来朋友才知道，原来这位相貌平平的隐形富豪就是被称为中国"吸管大王"的楼仲平，卖了27年吸管，每年仅卖吸管的收入就接近2亿元。

聚焦自己擅长的领域，将每一步都变成后来继续前进的基础，无论对于企业还是个人，这都是非常务实的基业长青之道。

如果能坚持做到高倍数成长，可叠加式进步，即使起点低，即使现在还不富裕，10年后的成就也是不可限量的。

对于那些零资源、无背景、没关系的后进者而言，这是最好的跃迁方式。

3
想要得到更多，就要学会着眼未来

曾国藩曾经说："凡办大事，以识为主，以才为辅；凡成大事，人谋居半，天意居半。"

有时候那些看起来先天条件极好，一出生就注定成为赢家的人，最后却总在历史面前摔了个大跟头，不是他们不够聪明，而恰恰是因为他们条件太好而根本没有往前一步的野心和勇气。

过分强调现在的拥有，本身就是一种封闭式思维。那些想要得到更多的人，永远都在聚焦未来，想要成为众人满意的那一个，注定要比普通企业和普通人付出更多。

有时候，形势就是如此，往前一步，生死未卜；后退一步，安安稳稳。这本身就需要在眼前利益和未来愿景之间进行权衡比较。

写到这里，其实很多人会觉得那些大人物离自己太远了，其实，作为一个普通个体，你未来的发展，也是由你今天每一个微小的选择决定的。

近些年来，我渐渐明白很多时候不能只盯着眼前的利益，所以放弃了很多看起来非常具有诱惑力的事情：高价帮人代笔写稿、出席各种可以让自己出名的商业年会、给其他公众号做主编等。一来是个人能力有限，无法胜任；二来确实也还是想做点儿自己的事。

曾经有很多人和我说，你写的那个小号又没人看，阅读量又不高，粉丝量更是少得可怜，还不如将一篇稿子卖给别人拿钱快。

我给大家举个例子，我们现在看到的科技行业如此快速地发展，其实没有一样是短时间内就可以发展起来的，有些想法诞生于几十年前，是在不断积累后才实现了从量变到质变。

拿我们每天都在使用的微信来说，其语音通话功能基本可以取代电话，这个想法在20年前就有，Skype开创的这个功能在20年前被视为异端，但十几年的积累后，在无线宽带进入4G时代后，前期的积累终于爆发。

板凳甘坐十年冷，文章不写半句空。总有一些人愿意按照自己的想法去过这一生，其实这没什么不好。在对的环境和对的时间，找到对的人去做对的事，去创造可以无限叠加的进步和积累，这样的人生远比"毕业三年，年入百万"的爽文真实得多。

接受"996"的前提,是看得到价值

这篇文章主要是想通过几个普通职场人的视角聊聊关于"996"的感受和看法,没有给资本方辩白的意思,也没有为职场人喊冤的企图,只是想让大家听听不同的声音。

1
比周一来了更可怕的,是周末就在工作

阿拿:社群运营

我之前在一个运营社群里看到一个1997年的男生的故事,小伙子今年刚刚转正,他自己在群里说:"'996'这个说法对于我而言,是个伪命题。因为我是一年365天,每天24小时,几乎全部在公司。换句话说,我就住在公司。"

老板很"大方",给刚刚进入公司的应届毕业生解决了住宿问题,住宿条件很简单,在会议室里加了一个床位。这里白天是会议室,晚上就是睡觉的地方。

最开始的时候他当然也很感谢老板,毕竟节省了每月一两千块的房租。但后来发现,对老板而言这是一笔划算的买卖。

因为他从此以后就兼顾了本职工作之外的很多工作，首先莫名其妙地成了公司的"保安"，住在公司，当然要对公司的财产安全负责。每天早上八点要起床开门，晚上关窗、关灯、锁门。这不就是免费的保安吗？

其次，成了大家眼中的兼职保洁员。每天早上要扫地、擦桌子、丢垃圾，甚至有时候还要给大家烧水冲咖啡。当然，这都是免费的。

最关键的是，工作变成了24小时工作制。有好几次，晚上八点多正在和朋友吃饭，老板一个电话，就得扔下筷子跑回公司帮老板做PPT。

有时候老板在外边喝完酒，回公司拉着他开会，其实就是一句重复的话来来回回讲了半个小时，老板讲完拍屁股回去了，接着他要整理会议纪要，他可算是明白了：自己就是被随意榨取价值的员工。

后来那个男生说，他并不反感所谓的"996"，他只是不想把时间浪费在这些和工作无关的琐碎事情上，诸如写方案写到一半还得给老板下楼买包烟，这不是给老板创造价值，明明是给员工增添负担。

我在职场上看到很多所谓的领导拿"年轻人就该多吃苦"来教导手下的新人，有些领导也许是真正想锻炼员工，而有些则可能只会拿这些话来吓唬没见过世面的年轻人。

2
大家都在吃着青春饭，只是有人青春熬没了饭还没吃饱

慧锦：记者

我们这个行业没有"996"，基本都是"007"。

入行第一年，每天晚上都是12点之后睡觉，基本没有周末，一日三餐几乎都是外卖。记得那一年我胖了7斤，也是从那个时候我开始相信过劳肥的。

有一次，我们做一个很重要的稿子，我连续两天每天晚上都只睡3个小时，稿子写完后，我从椅子上站起来，感觉眼前一黑，差不多一分钟才缓过来。

那个时候，妈妈刚好在北京跟我住一起。我看见她扭过头去偷偷抹眼泪，然后跟我说："你每天晚上都在做噩梦、说梦话，你要不去做个体检，不行就换个工作吧。"

去年我去体检，体检报告上显示我不仅心律不齐，还乳腺增生。不过，我没敢告诉家里人体检结果，因为他们知道后肯定会更担心。

记者这个行业特别需要别人的认可，如果总得不到认可和鼓励，你马上就会没有自信。有段时间我压力特别大，编辑总是对我不满意，有一天，我一个人在家里默默哭了3个多小时。

长期对着电脑，我的眼镜度数一年长了50度，朋友每次见我都会问是不是又加班了，说我的黑眼圈就没有消过，约我吃饭都要

约一个月了。

这个行业就是这样，你永远不知道什么时候会发生重要的新闻。而一旦事情发生，即便你已经熬了好几个晚上，即便你正好有别的事，你依然要全身心地做一个稿子，这既消耗体力，又消耗脑力。

这其实也没什么反抗不反抗的，记者本身就是劳动密集型行业，去哪里都一样。人们都说记者是吃青春饭的，但我觉得自己的青春都要没了，饭还没吃饱。

3
你有你的"996"，我有我的选择与自由

胜哥：创业者

人生说起来是很沉重的一个话题，虽然我们往往是轻飘飘就稀里糊涂地过了一生。但这个话题，很多时候没有对和错，什么是世俗的成功，什么又不是，也是难以定义的。没有对错，只有选择，这是我以为的人生。

但有一条，你选什么，就得忠于什么、承受什么。想要有回报，就要有付出。

你可以说这是美好的，因为付出更多，回报可能也更多；你也可以说这很残酷，因为必须付出更多，才有可能得到更多的回报，而且还是"可能得到"，不是"一定能得到"。

"996"其实不过是一种选择。不想那么累，就按时上下班，有更大欲望的必然要付出更多。

但很多人其实既想要"996"的薪资，又想要很轻松的待遇。同样，很多企业是既想只发3000元的月薪，又想让员工"996"。

说到底，职场发展是双向选择，双向选择就是博弈，最终还是要看你创造的价值。

如果你真的能创造那么高的价值，公司一定会通过加薪升职来留住你；但如果你想加薪而公司不愿意，那可能是你产生了认知偏差，因为有可能实际上你并没有创造那么多的价值。

我有一个朋友在体制内，经常羡慕我们这些打工的人挣得多，我们也会羡慕他生活安逸、压力小。

但羡慕归羡慕，我们双方即便再来一次也不会选择过对方的生活。

我认为，这是两种平行的价值观，不存在高低与对错。所以，我特别不提倡公司强制"996"，那些想更顾及家庭和生活的，完成本职工作就行；那些想获得更多、跑得更快的，就要承担更多的工作。

当然，我也见过一些人，工作做不完，也不想加班，最后还希望涨薪，不然就辞职。我觉得，那还是辞职的好，因为很多人总觉得自己是在被剥削剩余价值。但说句实话，也有很多人其实根本就创造不了价值，还谈什么剥削呢？

4
请不要把我的自愿，当成理所当然

Xiangxiang：新媒体运营

没有人能要求我"996"，更没权利评价我的人生。我们公司坐班打卡，8小时；活儿就那么多，啥时候干完啥时候算完；有情况随时开启电脑写。

"996"对于新媒体编辑这个职业，已经是常态了，甚至更多的是"007"。回乡的高铁上追过热点，跟朋友吃饭的餐桌上改过稿，出差期间深夜写过活动报道。朋友来北京玩，看到我的工作状态都问我，这得赚多少钱啊？

我离开家来北京的时候是有一点儿野心的，觉得"996"或"007"应该是我实现野心的必经之路，但我付出辛苦是自愿的，我觉得越努力就能越快过上我想要的生活。

但任何人都不能把我的自愿当成理所应当。

工作时长应该由工作量和工作能力来决定，而不是必须干够12个小时。同样，公司食堂、打车报销、加班调休以及一切福利，是公司留住优秀员工的手段和方式，并不是要求员工加班的理由。

不得不提的是，这里面还有一个如何面对和处理的问题。比如，你选择什么？热爱什么？追求什么？享受什么？

王石去爬珠穆朗玛峰，很多人觉得是玩儿，但我觉得好苦啊。还是写写稿子舒服。也有人觉得，写稿子好苦啊，我却觉得很享受。

你选择你所热爱的，就谈不上痛苦；心里有期待、有热爱，自然也就不苦了。

5
如果不想无休止地加班，至少可以做这3件事

其实身在职场的朋友都知道，很多时候自己并不想加班，但是又不得不加班。比如领导没走大家就都不走；公司强制规定工作11个小时；小公司钱少事多，还学人家狼性文化。

很多人说，正因为没钱才想拿命换钱，但有时候拿命去换来的不一定是钱。再说了，我们值多少钱，其实只跟我们的"不可替代性"相关。

为什么这么说？

拿职场的薪酬举例：老板确定薪水的时候，心里面有一杆秤，秤的左边，是你现在的收入；秤的右边，是你此刻的价值。

注意，这里面有两个关键词：第一个是此刻，不是你一年前的价值，也不是你过往的总价值，而是你此时此刻的价值；第二个是价值，不是贡献。

贡献可以简单地理解为你给公司创造了多少业绩；而价值是说如果我不用你，我重新招一个人，最少得花多少钱。

说到底，不可替代性越强的人，在职场上也就拥有更多的主动权和议价权，甚至可以主动选择避开相当一部分无效工作和加班。

真正的不可替代由三种核心优势定义，分别是"硬核技术""跨界思维"和"认知突围"。这三个层级，越往后，越难以被替代。

（1）硬核技术

阿里巴巴有个传说式的人物，花名叫"多隆"，从2000年加入阿里巴巴以来，他就只做一件事：敲代码，解决问题。即使目前的职级已经是P11（高级管理），多隆依然坚持在一线写代码。

工程师多隆是一个"神"一样的存在，被称为阿里巴巴的"扫地僧"。淘宝的第一行代码，就是他敲下的。在阿里巴巴的工程师圈里，流传着这样一句话："有问题，找多隆。"

多隆的不可替代性，就是他的硬核技术。硬核技术很好理解，在一个专业领域，以五年、十年为人生刻度，专注其中，成为专家。别人不会的，你会；别人解决不了的，你能。

（2）跨界思维

比如，我拥有十多年的互联网背景和对于互联网用户需求的深刻洞察，加上一年150多场线下讲课积累的演讲能力，在我做线上的知识付费产品时，就有了别人不可替代的优势。

换句话说，我跨界干了学者们该干的事儿，但是他们却替代不了我。这样的跨界碾压，有足够的壁垒，不是努力就可以填平的。

当年乔布斯在斯坦福大学的演讲中提到的"connecting the dots"（将生命中的点连接起来），正是跨界积累打造了苹果视觉体系的"不可替代性"。

（3）认知突围

说到吃火锅，大家十有八九会提到海底捞，人们都一致认为服务是海底捞成功的秘诀，但对服务深刻认知的逻辑内幕，却来自张勇最初的创业体验："吃到一定时候，舌头已经麻了，能感知到的是服务，却没有味道。"

去过海底捞的人都知道，到其他餐厅吃饭排队等十几分钟可能就让人心烦了，在海底捞你不但不心烦，或许还会感觉这是一种享受，其间可以下棋、玩扑克牌，或做指甲等。

当你点菜的时候，服务员会提醒你可以点半份，还会告诉你已经点得差不多了，再多就会浪费，和一些餐厅的服务员拼命给你推荐大餐形成了鲜明的对比。

结账的时候，尽管不会很便宜，但你会觉得很值，下次还想来，甚至会介绍朋友来。

有一句话说得好：每一个传统行业，都值得用互联网理念重新做一遍。同理，每一种认知都值得在原有的理解中重新定义一次，这当然也包括个人的职业发展。

在刚刚过去的2020年，我就在朋友圈看到很多运营工作者做了社群群主，很多一线老师做了线上主播，每个人都有自己对原有行业的理解。而恰恰是这种理解，往往可以在困境中发掘先机，在绝路中获得重生。

我始终相信，每个成年人都要对自己的选择负责，你选择什么，就需要经历什么。

恰如陆游诗所云："能追无尽景，始见不凡人。"

那些晋升的人，靠的是什么？

智联招聘出的《2019职场人年中盘点报告》显示：2019年上半年，85.1%的白领表示未获得晋升。

在职场摸爬滚打努力工作无非是为了升职加薪，但是一个岗位做到三五年甚至是五年以上还没有升职，职场人就会产生非常强烈的挫败感。

在受访中有不少职场人表示，30多岁的职场人，前怕年富力强的领导把持着重要岗位，后怕如狼似虎的下属随时取代自己，更要命的是转眼间职场"中年危机"已经如期而至。

和很多人一样，以前也觉得职场中年危机离我估计还有十万八千里，怎么着也不会轮到我吧？

后来才发现，职场不仅有中年危机，也有青年危机。危机如影随形，只不过有人懂得提前规划，而有人总是仗着自己年轻，拿最值钱的年纪做筹码，结果当然是有人青云直上，有人永远在职场的泥潭里潦草度日。

有时候，导致我们不能晋升的，不仅仅是选择，更多的是思维。

1
什么样的职场人最难晋升？

（1）公司中高层管理者

有句话说得好，最危险的地方往往最安全；反之亦然，最安全的地方往往也最危险。

中高层管理者，看起来是最安全的：事业有所成就、家庭和谐美满，大事和领导一起商量，小事交给下属去干，正是这样的安全造成他们的危险领域不断扩大。

一方面由于年龄增长与顾及家庭，在工作中的拼劲及激情已大不如前，更不要说和那群没有成家的年轻人比了；另一方面囿于陈旧经验，能力和之前几年比，没有多少提升；更要命的是，多年混迹职场也学会了推诿。遇到问题，不想着去解决问题，而是只想着不要影响自己的职位和薪水。

这样的高层领导看似风光无限，如果没有稳固的职场资源或过硬的技术加持，迟早会被优于自己的年轻人替代，更不要奢望会晋升了。

（2）长时间从事基础工作者

我曾经看过一个求职平台有人留言：为什么这么简单的岗位，都没有人要我？

我看了下发帖人的详细描述：35岁，工作10余年，一直做的是基础行政工作。比如复印扫描、收发快递、支付水电费等。想换工作，简历也是投这类基础岗位。岗位的要求很简单，应届生或

1—2年的工作经验，薪资也不高。

诚如她所言，虽然一直在强调自己的工作年限，却没有突出自己的关键性成果或成功案例，如此一来，简历自然就没有什么竞争性可言了。

既然如此，35岁还在做基础行政工作，本身是不是就是一种缺乏职业规划的表现呢？合适的求职者，工作年限应该和职位职称、工作能力、薪酬相匹配，有时候甚至还要与业绩挂钩。要不然即便是工作10年又如何？

HRBP（人力资源业务合作伙伴）要的是一个性价比高的最佳人选，而不是10年重复做基础岗位工作的人。

（3）从事体力劳动者

以前在一家公关公司任职新媒体运营的时候，因为公司公关部经常会承接一些地产开盘、店面开张的活动，因此公关部招了很多年轻人做活动执行，实际上就是去现场布置场地和搬运物料。

有一次和一位同事闲聊，才知道他已经在公司干了3年的活动执行了。和其他小伙子相比，35岁的他显然体力、精力都跟不上了，我问他为什么不换一份脑力劳动的工作，这样让身体也好受点儿。

他给我的回答是："你看我现在这样，要么降低工资，做相对轻松的工作；要么就是继续在这里卖苦力，其他的我也不会。"

未来分工越来越精细化，在进入智能化时代后，我不知道这些纯靠体力维持生计的职场人该何去何从。

但他们今天的职场故事，足以给我们一个深刻的警醒：要么做职场最值钱的人，要么做职场最不可替代的人。这两类职场人即便短时间内不会被晋升，未来的职场前途也不可估量。

2
辛苦工作多年，为什么晋升遥遥无期？

我曾经做过很长一段时间的HR，在招人面试的过程中，也曾侧面关注了很多面试者的职场晋升之路。很可惜的是，很多人在这条路上走得异常艰辛，甚至可以用一句扎心的话来形容：辛苦工作多年，为什么晋升遥遥无期？

为此，我整理了以下4点原因，供大家参考。

（1）只谈资历，而无成绩

不得不说，职场上很多人喜欢论资排辈，当然老员工愿意炫耀自己和老板的关系，在新员工面前吹吹牛倒也没什么，但是自己什么事都不干，做甩手掌柜可能就有点儿不可行了。

作为阿里巴巴最早的一批员工，甚至可以跻身于"十八罗汉"之一的彭蕾，应该可以说是和马云一起打江山的得力干将了，她在阿里巴巴最有名的一句话却是："无论马云的决定是什么，我的任务都只有一个——帮助这个决定成为最正确的决定。"

"帮助这个决定成为最正确的决定"，其实就是交付成果、达成决策目的的过程。哪怕这个决定未必是你所认同的，作为执行者必须深刻领会领导者的真实动机和决策意图，在职权范围内及时提出具有建设性的建议，让执行的过程向好的方向转化。

从阿里巴巴集团原市场部和服务部副总裁、首席人力资源官、蚂蚁金融服务集团董事长，到现任阿里巴巴资深副总裁，可以看到彭蕾一直在践行她的言论。

躺在功劳簿上睡大觉、吹牛，那种事情恐怕你的老板都不敢想，更不要说你了。

（2）只谈工作，而无思考

以前经常听到有人说自己"没有功劳，也有苦劳"，但是现在都以结果为导向，不能在相同的单位时间内产生等值的价值，有再大的苦劳也无济于事。

职场上最忌讳的就是"只谈工作，而无思考"，那样最多的是重复着往日的工作，压根没有自己的理解和思考。

上文中提到的那位35岁的求职者，后来有人在她的帖子下面提议：如果你能干好基础行政这个岗位，你就有机会一步步升到高级专员、行政主管、行政经理，甚至更高的职位。

比如从复印扫描、文件管理归档，到编写流程制度文件，再到节约办公成本，推行无纸化办公；从小的办公室活动、部门活动、公司活动，再到集团活动，都亲自负责组织过。

这个过程可以提炼你的职场核心竞争力，整理出你的成功案例，这比一味地强调10年工作经验是不是更有说服力？

（3）只看现在，而无未来

我看过很多职场人确实拥有很好的资源，甚至可以说拿着一手好牌，最后却不得不黯然离场。

"不谋万世者不足谋一时，不谋全局者不足谋一域。"不得不说的是，有时候多为将来考虑，并不是什么坏事。前几天，好几家银行理财经理打电话问我，是否需要办理出境ETC业务，其实你细心一点儿就会发现，很多行业已经在不知不觉中慢慢地在变化：以前让人羡慕不已的收费站收费员现在已经有不少被ETC取代，更不用说很多商圈地下停车场早已实现无人化收费。

技术在快速进步，人类的能力愈发强大，越来越多的旧行业将被颠覆，无人驾驶、5G、人工智能这些以前只在电影里出现的技术，在现实中将越来越普遍。

很多职场人太过于贪图所谓的"稳定"，享受了太多安逸，不愿意学习而丧失了锐意进取的精神，每天满足于钱不多、事少、离家近的安逸生活，而忽略了这份工作潜藏的危机。

最舒服的时候，自然也就是危机在蓄势的时候。那些只看现在的职场人，到最后无疑会为自己当年偷下的懒付出代价。

3
做好这3点，晋升才和你有缘

（1）及早定位，完成转型

如果还有机会，我可能会和当年公关部的同事说："年轻时不要过度透支身体，保证健康才是第一位的。否则赚的钱还不够看病的，就得不偿失了。"

"劳心者治人，劳力者治于人。"倒不是说体力劳动者就低人一等，而是说更多的时候如果我们有好的上升空间和晋升机会，为什么不去努力争取一次呢？

很多时候如果局限在一个角落，人的视野和认知都会被局限。尽量用业余时间，结合自己的情况，学习新的内容，多向外界寻找机会以尽早转型。

（2）做好规划，规避风险

达利欧曾经在《原则》中为职场人提出3个经典问题：你想要什么？事实是什么？如何行动？

很多人常常喊"职业规划"，但是能做到的是寥寥无几。做好职业规划，需要我们确定好自己的方向，关注相关领域资讯，学习新的能力。

我们之所以会感到迷茫，是因为在职场发展的洪流里，很多人往往没有做好职业规划，丧失了"自我"这个锚点，忘记了自己"要什么、有什么、该做什么"。

与其把命运交给他人主宰，不如早做准备自己操盘。

（3）向上管理，多维发展

一个成熟的职场人的表现之一，是敢于对未知的领域有所探索。比如尝试承担更大的责任，挑战更难的工作，提高自己的综合素质。让自己的工作年限与职位、工作能力、薪酬相匹配。

这不是一句空话，更多的是在考验一个职场人的能力和勇气。

同样的起跑线，有人工作10年，最起码是某个领域的总监，如果你不是经理，好歹也是个主管吧？既然如此，为什么不进行深入的交流分析，梳理过往的工作经验，挖掘亮点，匹配市场行情，系统地输出你的优势和亮点呢？最怕的就是一边抱怨世道不公，一边手上、身上丝毫没有行动力。

华为创始人任正非在不惑之年曾经写下这段话："我突然发觉，自己竟然越来越无知。不是不惑，而是要重新起步、重新学习，前程充满了不确定性。"

不放弃每一件值得做好的小事，也不错过每一个值得学习的机会。

如何在这个充满不确定性的职场之路上走得更远、更好，或许是一个值得我们终生思考的问题。

Chapter 2

第二章

成长预期
找准人生方向,向上而为

习惯性拖延，本质是对未知的恐惧和逃避

之前在线上约见了一位写作爱好者，和对方聊了很多关于写作的话题，我也给了他一些参考性意见，到最后对方看起来自信满满的样子，说道："好的，从明天开始，我按照你的建议去做。"

一个星期过去了，我时不时地问了下他的情况，他只是不断地回复我，"最近在忙，我明天写""这段时间没空，我抽空明天做""不好意思，事真的有点儿多，要不我明天一定写好"……

后来我没有继续追问了，因为大概知道结果是什么样的了。

在当今的职场和生活中，有不少人喜欢拿"忙"这个状态来安慰自己的不自信与拖延症，就好像自己一直在忙着做事，就是一种别样的成功。

有段时间，微信朋友圈里被高强度的"996"工作制度刷屏，很多职场朋友纷纷表示，自己早已不是"996"这么简单了，甚至有些已经是"007"的工作状态，一周忙下来晕乎乎的，还不知道自己的收获是什么。

高强度的工作压力加上长时间的工作，很容易让人陷入一种"虚假繁忙"的既视感中，而在这个时间和过程里，大多数人只是为了应付眼前的工作而疲于奔波，然而事情却越来越多，做事的效

率并没有提升，反而习惯性地把事情推向明天。

这样的结果使很多人就像笼子里的小白鼠，越跑越累、越累越跑，最后把自己累倒在数不清的工作中。

经过了很多次与习惯把"明天再做"挂在嘴边的人打交道之后，我渐渐地发现事实的真相：时间被浪费了，事情还没做，而很多人已经拿"从明天开始"来还今天的拖延债了。

有时候不得不承认，"从明天开始"是很多人说过的代价最大的一句话。因为欠下的债，总是要还的。

1
口口声声说从明天开始做的事，其实根本不会做

其实我们说的从明天开始，本质上就是一种拖延症的表现。反正这事我知道，但是我就是不做，既然时间还有的是，为什么不能留到明天做呢？

实话实说，拖延症太常见了，以至于我们根本没把这事当回事。

有一本书上说，有拖延症的人占全部人口的 70%~80%。据我看，估计百分之百的人都有拖延症。只是有些人做事效率高、速度快，不拖沓而已。

你就自己想吧：你家里的书架上是不是有买了很久但塑封都没拆的书？你是不是有花大价钱买了，但是一直没听过的网上学习课程？你是不是和同事约了去健身，最后怪天气不好、孩子哭闹、自

己没空去练?

如果有,这就是拖延症的表现。

什么是拖延症?

就是你明知道这件事该干,但是就是拖着不干。或者你想干,但是你又拿借口来推脱说明天干。而拖着不干的同时,心里还有强烈的焦虑感和负罪感。

拖拉、焦虑、负罪,这三条凑齐,就叫拖延症,然后再用一个"从明天开始"的万能借口周而复始。

很多人说拖延症不是懒,对,确实不是懒,如果是懒,仅仅是拖,没有负罪感,没有内疚感,那就叫没心没肺,那不过是有点儿懒而已。

而事实的真相就在于职场上可没人容得下你的重度拖延症。

给大家讲个故事,这是我在朋友圈看到的,有一个哥们儿说:"今天晚上我终于要开始做我的创意方案了。"

"当我回到家,打开电脑,但是还要再做一些准备,我的心态要调适好,毕竟这个工作这么重要。所以我先嗑了一碟瓜子,啃了一只鸡爪,又吃了三个巧克力派,虽然身体调整得不错,但是心情还没调适。

"于是,我又洗了一个澡,洗完之后擦了一遍爽肤水,又擦了三遍爽肤露,然后觉得这个氛围还不太对;给自己泡上一壶香香的菊花茶,这个时候终于心如止水了,然后我看着那个打开的word文档,再一看时间:哎哟,12点了,先睡吧,我明天再干吧!"

第二天老板一问方案写得怎么样，你说我明天再写，关键是老板会等你到明天吗？

你看，这就是拖延症的强烈表现，就是你明知要干，但就是没有办法让自己开始干。

简而言之，"拖延症"就是跨时决策的一种表现。我们把今天要做的事情，拖到未来去做。

关于拖延时间的观点，美国印第安纳大学戴俊毅博士在《追时间的人》这本书中解释说：

> 在这个决定里，有两个选项，一个是现在花时间做一件事，另一个是未来花时间再去做这件事。所以我们拖延的时候，就做了一个跨时决策。

再比如你打算存钱的时候，就是在当前的收益和未来的收益之间做一个取舍。你可以选择现在拿这些钱去消费，获得当下的满足感，你也可以选择把这些钱存起来，为将来做准备。同样地，你答应和同事去健身，可是最后你选择了躺在沙发上打游戏，那你无非是选择了一种更安逸但是也更容易长胖的生活方式而已。

我们都是成年人，其实大家都知道：真正愿意行动的人，是不会用"从明天开始"这样的话来哄人的，要知道真正的行动和离开都是悄无声息的。

执行力，才是拉开你和别人之间差距的最重要因素。

2
习惯性拖延，本质是对未知的恐惧和逃避

美团网创始人王兴在一次采访中说过，大多数人为了逃避思考，愿意去做任何事。

"动脑筋"是我们都非常熟悉的一个词，思考本身也不是一件难事。可是不知为什么，就是有人不愿意遇事儿想一想。

同理，这样的情况在执行完成事务的过程中也常常会出现，很多时候我常常看到一些同事明明知道某件事很重要，但就是一直拖着不做，还振振有词地说："我就是怕做不好才不敢开始。"

很多时候，只要你怕，就输了。习惯性拖延发展到最后，其实更多的是自己对未知的恐惧和逃避越来越深，以至于最后根本不敢开始，连想要开始的欲望和念头都没有。

然而，还有一种比不做更可怕的现象是很多人看起来好像很勤奋，什么都做。

李笑来在新东方做英语老师的时候，发现很多学生会陷入一种"虚假勤奋"的状态。他们可以每天很早起床，用很多时间复习，准备考试。但这种勤奋是虚假的，因为他们会懒于思考，宁愿背下几百篇范文，也不愿意琢磨一下怎么写好作文。

为什么会这样？

根源在于他们对时间压力的感受出了问题，他们总觉得没时间，内心恐慌。为了逃避这样的恐慌，他们会花大量精力琢磨快速

成功的方法，结果就是治标不治本，陷入这样的虚假勤奋之中。

其实，这种状况在我们的生活和工作中也非常常见，以前我经常约同事一起去健身，前几天对方还自信满满地跑了几次跑步机，举了几次杠铃，再后来就慢慢不来了，最后我再约他的时候，对方直接不回复了。

不知道你有没有发现，习惯拖延的人大多都喜欢把"我想"挂在嘴边：我想去健身；我想3个月瘦下10斤；我想一年看100本书；我想今年出1本作品集……

这一类人我称之为"白日梦想家"。

所谓梦想家，就是有了很好的想法，但是却不愿意花时间做具体的事去实现它。比如，我有了很好的想法，但是一想到要写出这个好的想法，还有查文献这些烦琐的步骤，就立刻觉得手中的笔有如千钧重负。最后，因为害怕未来执行路上的各种辛苦和艰难，干脆凡事想想就好，所以很多人常常是：嘴上过过瘾就好，要我完成这件事绝不可能。

看到这里，是不是觉得自己已经对号入座了？

3
"现在、立刻、马上"，没有什么事值得你逗留

稻盛和夫在《干法》这本书里讲过他去听松下幸之助的演讲，其间，松下幸之助告诫在座的企业家们，要办好企业就一定要给自

己的公司建立一个水库，也就是一个备用性的资源。当资源充足的时候可以把你的资源汇入这个水库，当资源匮乏的时候又可以从这个水库里获取资源，这样就会大大地降低公司经营的风险。

有人听了以后马上站起来说，你说的这个是对的，但问题在于我们怎么才能建一个水库呢？

松下幸之助很尴尬地说，我也不能告诉你建立水库的具体办法，但有一点是非常重要的，那就是你首先要有一种"不建好这个水库誓不罢休"的勇气和决心。

当他说完这句话的时候，全场哄堂大笑——很多人都觉得这个人是个大忽悠，说的全是正确的废话，告诉我们一个美好的目标，又不告诉我们怎么达到那个目标。有什么用？

稻盛和夫却从中有了很多感悟。

他听到这句话的时候感觉到身上有一股电流，因为他听懂了松下幸之助讲的话。所有的解决方案在没有形成的时候，就需要有一种不做成誓不罢休的勇气。

很多事情我们之所以做不好，可能就是因为缺少了最重要的一个要素。就像我们做菜的时候，如果没有放盐，你再怎么做可能都很难做出可口的菜。

没有立刻去做的勇气和决心，目标与志向再远大也无济于事。

拖延症的问题存在，大家意识到这不是什么好习惯，但是又不肯采取行动去改。那么，绝大多数人就停留在这样一种似乎在改、其实没有改、最后又不得不改的循环痛苦状态当中。这就是事实的真相啊。

当你坚持带着思考看到这里的时候，恭喜你，因为我要公布我心中关于戒掉拖延症的答案了。市面上关于戒掉拖延症的方法五花八门，各有各的说法和优点，在此我就不一一列举了。我只是谈谈我的做法：

(1) 将大目标化整为零，逐步细化

把一个大目标分解成一个个零散的小目标，然后实现一个个小目标，这样的做法就轻松得多。没有人一生下来就是时间管理高手，那些看似成功的背后都是有据可依的。

有些事，没那么简单，特别是不能偷懒的事。

(2) 及时做准备，屏蔽诱惑专心工作

及时做准备，屏蔽诱惑，从而专心地工作。例如把手机关掉，放在一个不方便拿的位置，然后在桌上放一个便签，用于记录与工作不相干的想法。

比如突然想起来今天网上有一个打折活动，或者晚上和朋友约会，等你完成当前的任务再来做这件事，一样可以的。

凡事分出一个优先级，知道哪些事该做，哪些事不该做，其实对你和对他人而言，都是一种理智的选择。

(3) 没有什么事值得你逗留

古今中外，凡成大事者，遇事皆果断。

只要行动了，不管是做什么，都是好的。

比如当你坐下来的时候拿起笔，发现不知道从何写起。这个时候你可以找一件事过渡，抄写歌词或者看看书，而不是拖着不做。只要你行动起来了，你就会发现心开始平静下来，焦虑也就随之减弱，于是就慢慢地进入工作状态了。

（4）及时给予自己正向激励和反馈

很多人都是喜欢舒服的。长时间挑战自己的极限，最好回馈自己的方式当然就是及时放松。我发现很多人愿意对自己狠，却不知道自我放松。

很多人整天紧绷着一根弦，每次看到对方都是眉头紧锁、如临大敌，说实话，这样的人再优秀我都不欣赏。

人类是天生喜欢被夸奖的，只是有些人知道合理吸收和屏蔽而已，当你做了一件事之后，大脑处于疲倦状态下，就需要来点儿多巴胺放松一下。

所以，每当完成一个小目标时，不妨给自己一个小奖励。比如吃个零食，看个小视频，但注意一定要设定边界，不然玩着玩着就容易滑进另一侧深渊。

说一千道一万，事情还是没有做完，既然如此，倒不如放手去干好了。

请记住，罗马不是一天建成的，而是无数个日夜累积而成的，很喜欢秋叶大叔说的一句话：先完成，再完美。

尤其是我们没有任何基础的时候，保持一颗踏实稳重的求实之心，做好手头上的每一件事，这比看N个解决拖延症的方法要靠谱得多。

最后和大家分享一句恺撒大帝的名言：骰子就这样掷出去了，还犹豫什么？

凡事做就对了，要知道，很多时候我们并没有"明天"。

混得好的人，都有哪些特点？

最近和大学室友大胜见了个面，这也是我们毕业5年后的首次再会。毕业之后大家各奔东西、天南海北，再后来结婚的结婚，出国的出国，发达的发达，落魄的落魄。总之，几家欢喜几家愁。只有这个家伙，见谁还是一脸乐呵呵的样子。

这次见面，我也从他那里得知了其他同学的一些情况，脑海里想起了当年大学老师曾经讲过的一段话：这个社会的大多数人的发展都会遵循"帕累托法则"，也就是优秀的人越来越优秀，落魄的人越来越落魄，如果不是有特殊情况发生，这个现象会一直延续下去。

那时我们年少轻狂，听了老师的话全都哄堂大笑，总觉得自己读的是经管学院的王牌专业，还没有毕业就有中建三局、中铁局等大企业向我们挥手，每个人对自己的未来都信心满怀，但最后却在现实面前狠狠地摔了跟头。

诚如老师所言，大部分人最后只是在疲惫的生活中不断憧憬着年少时的梦想，然而只有少部分人沿着自己设定的路线一路向前，走到了理想的位置。

也正是这一次和他的见面，让我看到了人与人之间真的是有差距的,而且差距会随着时间的推移越来越大。

在这篇文章里,我尝试着总结那些现在混得还不错的人,他们身上究竟有哪些优点值得我们学习,希望能给你带去一些不一样的参考。

1
花时间改变身体的有效方式,健身算一个

大胜当年是我们寝室最胖的一个,每次大家都是叫一份外卖,他一个人要点两份,而且还有奶茶、饮料不离手,那时候的他每晚下自习常说的一句话就是:"走,到后街去。"

后街就是我们学校后面的小吃一条街,大学毕业的时候,他的体重就已经直逼180斤,光是寝室的凳子就被他坐坏了3个。

后来,舍友给他取了个外号"威猛先生",因为和他走在一起实在没人敢欺负我们。

大学毕业之后,家里人也给大胜介绍了几个对象,用他自己的话说就是:"长得太胖了,实在不好意思出去见人。"

再后来,他断断续续和我说他有健身,最开始我也没当回事,满脑子还是他坐在电脑前袒胸露腹地吃着外卖、打着游戏的样子。结果四五年过后再见面,看到他时我那心情用一句话说就是:当时我就惊呆了。

整个人瘦了一圈,以前最明显的大肚子现在直接变成了平坦的

小腹，虽然没有腹肌、胸肌出现，但形体和轮廓都已经初具线条，最棒的是脸也瘦了一圈，五官一下子立体了许多。

吃饭期间，他再没有点那些以前很喜欢吃的高热量菜式，而是鲈鱼、花菜、番薯这种高蛋白、高纤维的菜肴。其间他和我说："回国之后，和几个大学同学见了个面，发现他们好像都胖了，有的比我在大学时还要胖，有的直接胖得走不动道。反而是我瘦下来了，估计这些年瘦下来的肉，都长到他们身上去了。

"你别看我现在瘦得这么多，那可真是一斤一斤减下来的。每天晚上7点开始健身，有氧、无氧、力量、器械、游泳，一套组合练下来都是晚上10点半才离开。"

看到他今天能有这样的收获和自律，我很为他自豪。大学毕业之后，或许很多人已经囿于生活的压力，终日周旋于职场的迎来送往，不断用酒精和烟草双重摧残自己的身体。

我想，不必再说什么健身的好处了，这种事情本就是有人愿意坚持，有人向来拒绝。

有时候，看着健身App里那些几十年如一日坚持健身的人，仿佛整个人都散发着自信的光芒。可能大多数人会觉得这样不敢放纵的人生毫无意义，其实真正的意义，本身就来源于对一件看上去"没什么意义"的事的平淡坚持。后来我们吃完饭，我问大胜现在想去哪儿？

他回答我，想去健身房。

有时候，总会听到有人说岁月是把杀猪刀。其实岁月不是杀猪刀，真正能伤害你的，是那放纵欲念、不知节制的习惯。

哪怕是每天一包烟、每餐一顿酒、每次在办公室的一杯奶茶，都会在日积月累中，慢慢掏空你的身体，让你腰间赘肉横生，脑门油光泛起。

渐渐地，我不再劝别人健身，也不再和别人"安利"健康生活的好处，因为我深知，在时间面前一切都是公平的，那些曾经的放纵总会以各种形式回归到身体本身。

你唯一能做到的就是，通过健身让时间在你的身上走得慢一点儿。

2
若停止对知识的渴求，将会被时代抛弃

闲谈期间，问起大胜为什么突然回国了，他说自己报了"二级建造师"的考试，这一次回国就是为了考试。一旦拿下这个资质证明，自己不但可以独立承担工程项目，而且在职业职称评定上也可以晋升一个更高的台阶。为此，他每天晚上除了健身就是看书。

你能想象到，一个以前每天只知道打游戏的男生，现在除了健身就是看书的样子吗？

我实在太喜欢和这种爱学习、爱健身的人做朋友了，而且我发现那些愿意主动学习且善于学习的人，混得都不算太差。

前段时间去看望大学时的审计老师。在我的印象中，她是我们

学校教授审计课程中最年轻的老师之一,那次和老师见面后,她说她最近在学习英语呢。

我问老师:"你教授的是纯理工科的审计,为什么要学习英语?"

老师和我讲,现在的课本更新得非常快,她决定退休后去加拿大学习更专业的审计学,同时也给自己立了一个目标,退休后去加拿大开一个自己的审计事务所,所以她必须学习英语。

从一个舒适的学习领域,跳到一个自己陌生且无助的领域,没有一定的勇气和毅力很难轻易做到。

其实,随着时代和社会的不断发展,知识的半衰期越来越短,我们拥有的知识每天都在变得越来越过时。可能前天看到的内容,今天已经被重新更替了。

之前看《哈佛商业评论》的一篇文章中写道,目前在大学期间获得的知识最多只能用5年,但解决之道并不是放弃教育,而是应该养成终身学习的习惯。

像我的审计老师,如今还保持着每天持续学习的状态,而且但凡你有所观察,就会发现那些真正成功的人都有"终身学习"的习惯,因为我们会不断忘记自己知道的东西。因此,为了跟上这种快速发展的步伐,我们需要不断更新自己的知识。

有人说,一个人对世界的态度和理解,源于他本身的知识储备和认知方式。

毕业后,很多同学早已放弃了学习的习惯,更不必说愿意持续学习，他们常常会觉得学习太辛苦了，好不容易毕业了，干吗还要自讨苦吃呢？

其实如果你已经工作了一段时间，你可能意识不到自己落后了多少。但当你换一个工作环境，你会很快意识到自己的技能已经过时了。

我大学学的是工程造价专业，但现在做的是互联网行业，可能你觉得这根本就是八竿子打不着的行业啊？

对啊，我就是靠着不断学习才走到今天，从最开始做新媒体运营，到后来的社群运营、知识付费、课程运营，再到现在的新媒体写作，每一行都是这样不断学习、切入、分析，再实操。

有人说，在21世纪的今天，知识自满的长期影响，与不锻炼、饮食不健康或睡眠不足的长期影响一样严重。

自满本身就是一种对当下状态满意的表现，更可怕的是人们常常对这样的自满无动于衷，甚至引以为豪。

英国《金融时报》专栏作家西蒙曾经在大学毕业的时候，做了一个决定：展开终身学习计划。对这样的计划，他解释说，如果你是房间里最聪明的人，你就进错了房间。

而那些充满优越感的人，往往会在一个狭小的房间里孤芳自赏，他能看到的世界不过是眼前那群和他不分彼此的同类而已。世界本就是分层折叠的，而知识就是你不断走向前的阶梯和通道。你要相信，当你停止对知识渴求的时候，也是时代抛弃你的时候。

3
梦想和现实的差距，是你能够得到什么和拿什么得到的距离

记得有一次，学院组织去附近的工地项目观摩，几个同学走到项目部的时候，一个男生发现门口停了一辆奥迪A6，就在我们这群口袋里一毛钱都没有的穷学生不断发出羡慕的赞叹声时，同行中一个同学突发豪言："这算什么，以后我们都会有的。"

也不知道他是哪里来的自信，空气中顿时充满了欢笑的气氛，当然我没笑，只是把他这句话暗暗记在了心里，然而让人难堪的现实是，曾经发出豪言壮语的这位同学如今在菜市场帮人卖菜。是的，还不是自己做摊主，而是帮别人打工。

大胜跟我说完这件事，我脑海中关于他的记忆如电光石火一般不断闪过，想来想去，发现脑海里的他不是在寝室里打游戏，就是和其他同学去包夜打游戏，每次见到他都是顶着个黑眼圈匆匆忙忙来赶上午的第二节课，因为第一节课经常会被他睡过去。

在后来的工作中，我也看到很多这样的年轻人在重复着看不到希望的老路，白天想改变世界，晚上却连放下手机早点儿睡的习惯都无法做到。

他们总觉得以后什么都会有，所以现在什么都不干；总觉得进了一家大公司，将来肯定前途无量；总觉得自己条件这么好，干吗还要这么辛苦。

有时候梦想和现实的差距并不是"你想要"和"你拥有"的差距，更多的是你能够得到什么和拿什么得到的距离。我曾看过一个在"吴晓波频道"公众号里的故事，关于日本长寿企业挑选传承人的方法。其实日本很多家族企业都会面临着无人继承的局面，所以，很多企业会推出一个"婿养子"制度。也就是说，企业会挑选一个养子跟自己的女儿婚配，然后养子改随妻姓，公开声明效忠妻子一家，并跟原来的家庭撇清关系，同时原生家庭会得到一笔巨额抚养费，最后就能合理合法地继承家族企业。

这个制度有点儿像上门女婿，看起来好像不太光彩，但最后却有一箭三雕的效果：

一是它是"女婿+养子"的结合，家庭的纽带更强，将自然竞争关系化解为家庭合作关系。反正都是一家人，接管家族企业后背叛的概率会很小。

二是扩大了继承人的选择范围，就像现在的海选节目一样，让有能力的好男儿入赘，协助管理家庭资产，还能生育有自己血统和姓氏的后代。

三是给现任企业家的亲生子女带来竞争压力，不至于因为家业必然是他们的而变得懒惰，同时在内部增加鲶鱼效应，让局面不至于陷入虚假繁荣，提高内部竞争，提升整体竞争力。

当时我看完这个方法之后，不得不感叹日本人的危机意识真的是深入骨子里了。其实我身边很多家境条件非常好的人也无比努力，有时候你不得不承认，有些优秀真的是靠拼出来的。

再回头想我那位去卖菜的同学，他是家里的独生子，在学校是吃不得半点儿苦，常常是睡到自然醒才想着去上课。毕业之后，一边嫌弃着工地脏，一边只能在家靠做小本生意谋生。

不愿意付出又渴望坐享其成，不去努力又对生活抱怨连连，满口天马行空实则毫无实践。

每次看到这样的案例活生生地出现在眼前的时候，我并不觉得他们可怜，我只是为他们惋惜。同样是一天24小时，一年365天，有的人活得像电影海报一样引人注目，而有的人过得像广告、传单一样让人嫌弃。

这才是最让人惋惜的地方。

4
人生的一切差距，来源于对事物本质的不同理解

再给大家讲一个我的大学同学的故事，毕业之后的他远赴苏黎世留学，学的是酒店管理专业。

其实在学校的时候他就是令人钦佩的风云人物，无论是竞选班长、参选社团Leader，还是唱歌、演讲、做主持人，样样精通，就连打篮球都能让班上的女生很激动，他的书架上永远摆着我们几乎没有看过的世界名著，最可怕的是，晚上去他寝室，他还在床上看书或者练习英语。

现在的他已经在北京某高级酒店实习上岗了。

是他家里有所谓的资源吗？并不是，他也只是个普通家庭的孩子，只是因为自己想要更好的发展而已。

而和他一墙之隔的对面寝室同学的表现，就显得有些不尽如人意了。

上课是能逃则逃，即便是去了也是玩手机、唠闲嗑、谈恋爱。在寝室不是打游戏，就是抽烟、喝酒、打麻将，实在不行就三五成群蹿到网吧通宵打游戏。每逢考试能抄则抄混个毕业证就万事大吉。而我每次路过他们的寝室，传入耳中的永远是打游戏时激动的呐喊声。

现在再回过头来看，当时大学老师说的那句"帕累托效应"真的应验了。在美国，1%的高收入人群拿走了15%的收入，而且这个贫富差距还在继续扩大。

在电影《西虹市首富》里面，主角王多鱼得到了一笔意外之财，但必须在短时间之内花掉才能拥有。他使尽了浑身解数去花钱，没想到财富却像雪球一样越滚越大，花都花不完。这也是"帕累托效应"的表现，富者愈富，贫者愈贫。

再延展开想一个问题，普通人还有没有机会打个翻身仗呢？

我们每个人的身高、体重、智商，与别人是互不影响、彼此独立的。它们更多的是服从正态分布。一个人有多少钱，有多少人脉，有多少关注度，在社会中有何种影响力，都是在跟别人的互动中形成的。你必须把这些现象放到网络之中，才能理解它为什么是这样。

简而言之，人们为了区分层次与圈层会设置种种难以跨越的门槛，而这些门槛恰恰是很多人至今无法理解的筛选条件。这就不难理解为什么有些人总是坚持锻炼、重视学习、在意社交、善于链接，愿意把时间花在自我提升和成就他人的地方了。

你真以为别人都是吃饱了没事做吗？

当然不是。

记得电影《教父》中有这样一句台词："花半秒钟看透本质的人，和花一辈子都看不清的人，注定拥有截然不同的命运。"

这是一个有人喊公平、有人找机会的时代，前者计较于环境对自己的压制和伤害，而后者想的永远是如何利用自己去改变整个环境。

为什么人与人之间的差距这么大？我想还是因为他们对一切事物本质的理解不同。

刘润老师曾经在《商业洞察力30讲》中设计了4种训练方式，在这里做个分享：

（1）**解决难题**

当我们遇到人生最常遇到的问题和麻烦时，我们该如何培养自己的思考路径，如何去深入思考、找寻切口？

（2）**看透人心**

每一个个体、群体、集体之间千差万别，但是把它们视作一个个不同级别、体量的系统，问题就能迎刃而解，关键是需要如何培养我们的系统思考能力。

（3）预测未来

厉害的人都懂得在可控的基础上去有根据地预测未来，就像商业咨询顾问的一大任务就是为企业制订发展战略。那么，是否可以绘制一张我们的"未来曲线"，至少在短期时间内不至于陷入坑里？

（4）终身练习

对人生的洞察力并不是一朝一夕就能练成的，我们是否可以根据日常的工作和生活，总结出一套终身修炼的秘籍，然后循环修炼？

高效的勤奋，远胜低效的努力

漫威终极大片《复仇者联盟4》上映的时候，和大多数粉丝不一样的是，微信朋友圈里一个以前只看日本文艺片的小女生也去看了零点场的首映。

看完都三点多了，还不忘发了一个朋友圈的动态："终于看完了，全程除了睡觉就是玩手机，漫威粉们别打我，你们看电影是为了情怀，而我是为了工作。"

原来是老板让她去看首映场的《复仇者联盟4》，看完第二天还得交一篇一个字都不能剧透的3000字影评。

后来，她和我吐槽说："看电影真是个技术活，看电影的时候我就在想写作角度了，还不时把手机摁亮记下片中的金句，因为文章里可能会用到。"

我才发现，其实我们都是"隐形加班人口"。

可能有些人还不知道什么叫作"隐形加班人口"。简而言之就是，工作早就不局限于坐在办公室电脑前了，或者在家也要待命，或者客户一声召唤就要开始social，或者无时无刻不在思考工作上的问题。

最可怕的是，很多人因为隐形加班而导致自己的生活节奏被打乱，完全得不到个人的成长空间，如果你不去职场走一遭，根本不会知道被"隐形加班"毁掉的年轻人有多少。

1
为什么那些被快速提拔的员工，看上去反而没那么忙？

最近在一款职场App上看到一个用户匿名分享了自己的职场故事。

主人公小张刚刚入职一家新媒体公司，他的上司是一个看起来非常勤奋的前辈，每天晚上都工作到9点多才恋恋不舍地下班，然而还是有一大堆处理不完的工作。而与之相反的是，其他的同事却早早地收拾东西准点下班，工作效率一点儿没被耽误。

小张后来仔细观察了上司的工作节奏，每天花费大量的时间在和用户的对接和沟通中，光是处理一些鸡毛蒜皮的事情就忙了一上午，对于整个项目的大框架却从不思考，所以常常是这个地方有问题就让他去填坑，那个地方有问题就让他去救场。

工作一周下来，和这位上司工作的过程让他非常痛苦，每天就是给上司善后，根本没有系统梳理自己的职场成长问题。

后来，和其他同事偶然交换过信息，才得知这个上司就是因为常常抓小放大，非常在意很多琐碎的事情，连一些找客服的小事情都不愿放手让别人去做，而忽略了整体项目的发展，导致执行的过程中常常有一些设计上的问题出现，这也是工作多年却迟迟得不到提升的原因之一。

而那些按时下班的人则有很多早就在这位上司之前成功晋升。

我见过很多职场人，喜欢用忙来标榜自己的成功状态。然而，繁忙的工作看似会给我们带来即时的满足感，但在这种满足感之下，人们渐渐地丧失了思考的过程和动力，认为做了很多事就等于自己很有本事，这样的错觉让自己陷入"重复忙碌"之中。

和普罗大众相比，高效能的成功人士对思考和工作的时间分配则恰恰相反。巴菲特曾经给自己的私人飞行员弗林特介绍过确定优先次序的"三步走"策略：首先，巴菲特让弗林特在一张纸上写下他的25个目标；其次，选出前5个；最后，他让弗林特把那20个没有被选中的目标放在"不惜一切代价也要避免"的清单上。

在第三步，你会看到巴菲特在排定优先级上面的过人之处。在这一点上，大多数人只会专注于前5个目标，然后间歇性地在其余的目标上投入精力。但巴菲特没有。他建议弗林特："不管怎样，这些事情都不应该引起你的注意，除非你已经成功地完成了前5个目标。"

分清主次，排列出优先级事项，用主要的精力解决主要的问题，最大程度上合理化安排工作的时间，这才是一个职场人工作状态最理智的方式。

在《简单原则：如何在复杂的世界中野蛮成长》这本书中，作者唐纳德说：做事情一定要有优先级原则，只做要紧的事情，如果一件事情做或者不做都无关紧要，那就不做。

其实，真正的威胁是那些"披着羊皮的狼"，让我们感觉自己在努力工作，但最终并不能改变现状的事情。

所以，分出一个优先级，会让自己的时间得以更高效地利用，而这是非常有必要的。

2
做得再多不如思考得多

很多职场人都喜欢"虚假繁忙"。也就是说，为了避免高质量的思考，而宁愿沉浸在盲目而简单的忙碌之中，这样看起来非常勤奋，对不对？

但实际上这是非常错误的认知。有的时候，"勤奋"的人未必能成功。

日本北海道大学进化生物研究小组对一群黑蚂蚁进行了研究。他们把蚂蚁分为三个小组，每组30只，观察它们的行为。研究人员发现，大部分蚂蚁都很勤快地工作，寻找、搬运食物，但是却有一小部分蚂蚁好像整天无所事事一样地东张西望。

研究人员在这群蚂蚁身上做了标记，并把这群蚂蚁称为"懒蚂蚁"。然后，研究人员断绝了整个蚁群的食物来源。有趣的是，这时候那些平时工作很勤快的蚂蚁突然都不知所措了，而那些"懒蚂蚁"们却挺身而出，带领蚂蚁们向它们侦查到的其他食物所在地转移。

原来，这些"懒蚂蚁"们看似无所事事地东张西望，但它们其实是在侦查和研究,不断探索新的食物来源。

当整个组织遇到食物危机时,它们立刻就能发挥重要的作用,带领大家度过危机。这就是所谓的"懒蚂蚁效应":懒于杂务,勤于动脑。

然而在企业管理中,很多领导喜欢用那些看起来非常"勤奋"的人,而不善于用"懒人"。

比尔·盖茨经常引用这样一句话:我通常会分配懒惰的人去做艰难的工作,这是因为他的懒惰会促使他去寻找简单的方法来完成这个任务。

很多人对"懒蚂蚁效应"有所误解,觉得是因为"懒于杂物",所以"勤于动脑",越懒越聪明。

其实恰恰相反,正是因为"勤于动脑",所以无暇顾及其他,才会"懒于杂物",不能颠倒因果。

Facebook的创始人扎克伯格的衣柜里,有十几件一模一样的灰色T-Shirt。很多人感慨,说就是因为他懒,甚至连衣服都懒得换,所以成功了。其实相反,是因为他勤奋、勤于思考,至于每天穿什么衣服这件事根本不在他思考的范围之内,这才是事实的真相。

同样的道理,那些看上去无所事事还有点儿闲的人,有可能和你想的根本不是同一个频次的问题。

最近看过一篇猎豹CEO傅盛写的文章,里面有几段话饶有趣味,在这里给大家分享一下:在今天,勤奋依然很重要,但聪明的勤奋才是关键。这个时候,要求我们想清楚,行业里的大风在哪里，并做出预测。

因此，你的脑海里必须有一个对行业越来越清晰的认知：哪里已经是过度竞争，哪里刚兴起却没人察觉，三四线城市网民的不同在哪儿，互联网与哪个行业、以哪种形式的结合会有机会等。

我们需要在这样的大格局下，在过去积累的认知红利上，重新构建新的认知体系，制订战略的新打法。要去更大的空间寻找新的破局点和机会。

就像雷军说的那样，不要用战术上的勤奋，掩盖战略上的懒惰，有时候那些看起来非常勤奋的人，迟早会被比他们更勤奋的后来者超越。与其如此，为什么不尝试着用"更勤奋的思考"来避免高成本的竞争，从而降低失败的概率？

真正的高效工作，是遇到问题、分析问题、解决问题、总结问题、防止问题复发这样的过程，而不是做完一件继续重复，这其实只是在浪费时间。

任何不带思考的过程，都不是勤奋，那只是一种看似努力的偷懒而已。

3
把复杂的问题简单化，是对思考最好的总结

有一个前同事特别喜欢为别人分析问题，一说就是两个钟头的那种，分析了一大堆又给不出任何解决方法，最后不但浪费时间，而且耽误工作效率。后来每次一开会看到这个哥们儿在场，大家纷纷做好了随时开溜的准备。

有一次，在部门会议上，项目经理实在听不下去了，当着所有人的面，直接将一支马克笔递给对方说："来，别说这么多了，你就告诉我你需要怎么做？"这哥们儿一下子就像哑炮熄火了一样，一声不吭。

很多职场人非常容易犯的毛病就是一开会口若悬河，一个简单的问题总是越绕越复杂，最后总结出一大堆正确的废话，但基本没有任何落地或实操。

把简单的问题复杂化，是一种惯性；把复杂的问题简单化，是一种本事。很多人总是把简单问题复杂化，一件小事能扯上一上午，甚至浪费一公司人的时间去扯皮。

这其实是个非常糟糕的认知习惯，把复杂问题简单化，恰恰是对一个人极大的考验。

曾经遇到一个事业上非常成功的领导，自己很少来公司，也很少在工作群里露面，然而公司运行得非常好——现金流正常，人员稳定，企业文化也非常融洽。有一次年会的时候他在做总结，说过一段让我至今难忘的话："当你获得更多的利润时，雇用更多的员工是正常的。随着你赚的钱越来越多，花的钱越来越多是正常的。不要只盯着眼前的小钱，把复杂的事情交给专业的人去做，尽量把复杂问题简单化，你的主要精力要留在思考重要的问题上。"

真正强大和独特的是让事情简单化，然而，这需要努力和技巧。同样地，由巴菲特组建的伯克希尔·哈撒韦公司有近40万名员工，但总部只有20多名员工。

有句话说得好：真正的富有不是物质上的富有和占据，而是敢于做思想上的断舍离。这种断舍离，就是一种从复杂到简单的过程，让你明白哪些事可以做，哪些事可以晚点儿做，哪些事可以让别人去做。

4
从远离忙碌到高效思考，从这3点做起

（1）学会时间管理，屏蔽无效信息和社交

当今的互联网是一个信息社会，进入这个社会，就会有大量的信息裹挟着各式各样的情绪，像狂风暴雨一般向你奔袭而来。

有时候，它就像一只贪得无厌的怪兽，用一条又一条链接，一个又一个信息提醒，一点点地吞掉你的时间。不屏蔽掉一些无效信息，你的时间就会被无止境的打扰吞噬。

关于如何屏蔽和拒绝无效信息和社交，这里给你一个参考：巴菲特从日程表上划掉了几乎所有CEO必须完成的任务：他从不与分析师交谈；他很少接受媒体采访；他不参加行业活动；他几乎不像典型的CEO那样参加任何内部会议。

掌握高效管理时间的秘诀之一，就是远离那些让你分心、让你暂停思考的无用信息。

(2)专注少数高质量的投资

我们如今面对的诱惑和选择太多了,不仅有人生的选择,还有工作上的分叉路口,有时候你还需要抽出精力去维护生活和工作的平衡。

我身边就有很多人,根本无法做到沉浸式思考,一会儿想做这个,一会儿想做那个,到最后却一无所获、诸事无成。

有段时间,A股行情大好,身边很多人看好行情纷纷入手进市,一个金融小白朋友也跟着进来了,买了几支股票型基金,以为能做空赚点儿小钱,天天发信息问我什么时候该出手?什么时候该追加?

我平时很少关注这个行情,买的也是长线长投,所以很少去操作。结果我还没有回复对方,后几天行情不好他又忍痛离场,一来一回本钱折了不少,还浪费了大量的时间。

威廉·桑代克在他的著作《商界局外人》中就投资做出了非常现实的解释:集中的投资组合会带来非凡的回报,而优秀的投资标很少出现。

这就意味着我们没必要天天关注着市场行情,而应该锚定一个优质标的物去长线追加跟踪,专注于少数高质量的投资。这才是专注思考而收获的复利效应。

(3)在正确的时间和环境里做正确的事

有人可能会说,这句话不是废话吗?

对,但是能把正确的废话成功执行到位的人往往很少。

2018年我回到武汉的时候，发现武汉很多地段的实体生意越来越难做了，上大学时常去的商业街大部分在转租或者干脆关门歇业了。可以见到的是电子商务的发展确实给实体经济造成了不同程度的影响，而也是这个时候，一个朋友找我作咨询，说自己现在打算入手一批商铺，想知道是否还有升值的空间。

我给他分析了当前的经济现状，了解了他的用户群，同时也给了他几个可以参考的方向和选择，结果他还是一头扎进去入手商铺了。到今年3月底，入手的商铺一间都没人咨询，原因是什么呢？

他选择的那个地段，一来基础设施不完善，连公交车都没有；二来流量短缺，周边其他社群也没有人，只有当地的务工人员；除此之外，也忽略了现在的经济模式，毕竟大部分人都不喜欢去线下逛街购物了。

忽略现实情况，不顾事物发展的底层逻辑，在错误的时间做错误的事情，这样的行为只会让自己深陷不必要的多余成本之中。

做不到避开无效社交，就不能专注于思考；做不到专注高质量投资，就无法避免不必要的损失；做不到选择正确的时间和环境，就无法得到更好的成长。这就是为什么大多数人每天都有24小时，却越勤奋越心累的原因。

"繁忙"本身绝不是一种痛苦，但前提是要知道自己为什么而忙。不是忙于工作才有成就感，而是在处理事情的过程中带着思考去理解和探求，掌握一门技巧，得到一个启发，收获某种成长，甚至是思考如何让事情做得更好，这才是工作的成就感之所在。

那些让你疲于奔忙却没有时间思考的工作习惯,终将让你在日复一日的重复工作中陷入平庸的泥淖。

别人忙着思考,而你忙着忙碌,这就是你和别人之间的差距越来越大的原因。

所有的道理，都是越早想明白越好

职场，是一个大多数普通人绕不开的话题。无论你是何种家庭、身份、年龄、性别、容貌，也无论你对职场有着何种看法，以上种种都构成了我们理解和认知职场的相关因素。

我离开校园，进入职场至今已经有5个年头了，这一路走来，曾上过巅峰，也曾跌倒在谷底。曾从0到1完成过公司业务的搭建和经营，也曾在被利用完后被人以"不适合"的理由撵走。

经历愈多，发现的真相愈多，而我又是一个不爱说假话的人。所以选择通过职场写作，去帮助更多像我一样，因没有经验而跌跌撞撞吃过亏的职场新人。

一直很喜欢杨澜女士的一句话："比进入他人的世界更重要的，是打开你自己的世界。"

如今，也正好借这个机会，打开我的职场成长大门，和你聊聊我的职场成长故事。

1
每一次错误之后的反思，都是难得的成长时机

撰稿人姬霄说："人们的愚蠢往往不在犯错的那个瞬间，而是在竭力让自己蠢得不那么明显的时候。"

想起刚刚毕业去深圳工作的时候，常常被我的上司当面指着鼻子骂"你怎么这么蠢"，那个时候我并没有想着反驳和解释，也没有着急为自己辩解，而是暗暗记下这顿骂。

晚上下班后，回到不到20平方米的出租房，一边洗着衣服，一边回想：为什么上司会这么骂我？我的问题出在哪里？我该怎么去解决这个问题？

正是这样一次次的骂和批评，让我对职场有了初步认知，也渐渐在各种批评中学会了反思。说实话，成长最快的那几年，恰恰都来自那些骂我的领导，正是因为他们近乎变态的挑剔和严苛的要求，让我养成了严于律己的职场习惯。

也是在这样不断的被骂之中，渐渐摸索到做事的诀窍，渐渐学会和了解如何去写好一篇文章，如何找到读者最感兴趣的话题，如何写出让读者不得不转发的结尾。

随着业务的扩大，渐渐需要和更多同事一起配合，甚至需要自己去和外界对接资源、完成商务洽谈、搭建公司业务团队。

后来发现，经历和反思越多的职场人，得到的成长也越多。对我而言，每一次错误之后的反思，都是难得的成长时机。

在这样的故事中，也渐渐明白很多人并不会主动和我分享的职场道理：不要在能力不足的时候，脾气太大；不要在职场高估和任何人的关系；不要过分在意夸赞，也不要过分忽略批评；不要得意于掌握多少信息，特别是无效信息。

郭德纲讲过一句话："一个人活得明白不需要时间，需要经历。三岁经历一件事就明白了，活到九十五还没有经历这个事他也明白不了。吃亏要趁早，一帆风顺并不是好事。从小娇生惯养，没人跟他说过什么狠话，六十五岁谁街上瞪他一眼，都能当场猝死。"这话虽然听着难听，但能做到的却没几个。

我始终认为，有些道理越早看清楚、想明白，对自己和别人越是件好事。这也是我写这些内容的初心，如果能通过分享自己的职场成长故事，帮助到那些正处于职场迷茫期的年轻人，或是为已经步入职场好几年的你提供一些参考。何乐而不为？

2
我为什么要写出那些自己最失败的经历

财经作家吴晓波先生说："在任何一个商业社会中，成功永远是偶然和幸运的，对企业家来说，失败是职业生涯的一部分。"

对于每一个职场人而言，如果我们不能弄清楚职业危机是如何发生、如何蔓延的，自己是如何陷入危机的，在不久的将来，我们依然会在同一个地方跌入灾难之河。

可能你会说，这些事都是发生在你的身上，和我有什么关系？

那些失败的职场故事虽然都是我的，但对于每一个正在创业和打拼的人来说，这些故事都可以为你的选择做出一点儿参考。

正如吴晓波先生所言：失败是后来者的养料。那么，你为何不运用这养料，思考自己的路，灌溉自己的事业。

3
当你看到了事实的真相，才能找到行动的方向

猎豹CEO傅盛在《认知三部曲》这本书里，谈过自己的一个创业故事：最初创业的时候，非常忙，忙到每天各种会议漫天飞，但是效率很低。后来他觉得自己不应该这样，并问了自己一个问题："难道当年乔布斯会比我更忙吗？归根到底还是管理方式不对。"

在此基础上，他明白了自己的问题出在认为太多事情都很重要，什么都要亲力亲为。

怎么让管理变得更有效率？

本质是减少真正所谓管理的量，增加判断的量，增加帮团队在关键点做决定和梳理目标的量。核心问题是能否转换思维，培养出做判断的能力，而不是注重自己的工作量。看清这个表象之后，他迅速放下了很多事，专心只做一些重要和主要的业务上的判断和把控。

很多时候，我们也会面临这个时刻，因为工作是做不完的，当你增加了工作时间之后，你会发现，新的工作时间会被新的工作填满。

这也就是我们常说的："为什么有的人一天忙到晚却做不完事，而有的人却轻松搞定工作早早下班？"也许你砍掉90%可以做但不应该做的事情的时候，你就会发现原来工作也可以如此高效轻松。

事实上，无论是工作还是生活，要想取得最好的效果，就要尽量缩小目标，不断在目标管理上进行权衡、筛选，不断思考，直到我们找到那件最重要的事。

有时候，我也会经常观察职场上的高效能人士的工作方式，他们的所有行为和精力都紧紧围绕着自己的目标来进行。之所以能够成功，是因为他们放弃了很多可以做但不是必须做的事情，从而专注在最重要的事情上。这就是事实的真相，只不过很少有人告诉你而已。

不能看到职场种种真相的时候，往往就会觉得自己的选择很少，甚至陷入认知困境，觉得自己仿佛被囚禁在绝壁之中，不能左右，进退两难。

最后，分享一个职场之外的小故事：陈丹青先生曾经被人问到，能不能对未来想投身绘画创作的年轻人提些建议？

他说，他对谁都没有忠告，因为自己年轻时最讨厌五六十岁的家伙提出的忠告。

所以，我也想在自己还没有变成一个喋喋不休的老顽固之前，把这些我觉得有用的话，早点儿说给你们听。也希望在我那些无数个令人崩溃的职场过往中，你们能早日看清职场成长的真相，找到独属于自己的发展之路。

人生最大的不该，是被定义

前段时间，看了一份某公司发布的《2019年Q4单身人群调查报告》，报告中显示：超五成单身男女认为，月收入一万元左右才能有安全感。乍一看，还以为恋爱的经济水平线又提高了。

对于标准这种东西，总有人会找到一个对应的数据加以量化，仿佛所有的现状都可以拿价值来衡量：月收入低于1万的年轻人，不配拥有爱情；只有昂贵的化妆品，才对得起精致的生活；毕业三年月薪不超过3万，都是扶不起的loser；30岁还没做到管理层，注定被人瞧不起。

所有数字的背后都是一排排明码标价的价值排序，仿佛你在特定的年纪没有挣到特定的砝码，职场生涯就注定没有发展了。

可是很多人忘了，有很多时候，恰恰是超乎定义和意料之外的不确定性，才是最值得书写和回味的。

要知道，一个人被随意定义的时候，永远没法按照自己想要的样子去生活。

1
随意定义他人，是一种不负责的臆断和蔑视

之前某辩论类节目出了一个特别有争议的辩题：

某美术馆着火了，一幅名画和一只猫，只能救一个，你救谁？

正方立场是：救画；反方立场是：救猫。

在这场辩论中，也是最引人争议的话题之一，是正方辩手的论点："这道题考验的是什么，不是救画还是救猫，它考验的是你期待自己对这个世界的理解到什么层次，在那一刻，你期待你只能听得懂猫叫，看不懂八大山人，那你就去救猫。"

简而言之，也就是"因为你的认知水平太低，所以只看得懂猫的价值，而看不懂八大山人的价值，所以你选择救猫，才是听不到远方的哭声"。

是不是看起来很有道理？当时我也是这么想的，但冷静下来之后，才发现这不就是一个大型定义现场吗？

不懂八大山人的画的价值，所以我选择救猫，就是因为我只能看懂猫的价值，但问题来了，谁给你定义八大山人和猫的价值就不对等？换言之，你凭什么定义猫的价值不如八大山人，所以救猫就不应该？

就像许吉如说的："八大山人有他的价值，但这只猫也有它的价值，我不希望因为那个价值看起来好像更高阶，就忽略我身边正在流逝的生命。"

这样随意定义和取值他人，才是最大的臆断和蔑视。可这样的现象，在我们身边实在是太常见了，比如很多与职场相关的文章的标题就是这样的开头，"比又穷又忙更可怕的，是你30岁还在基层""985毕业，月薪2500元：低配的生活让你活该穷""35岁月薪3000元，被辞退后才明白：最大的中年危机，是你年轻时的不拼"。

只凭数字就定义一个人的职场生涯，而那些达不到这条世俗的成功标准的职场人，就该被如此定义取值？

30岁了必须是公司管理层；"985"毕业必须年薪百万；35岁被辞退就是职场loser……那写下这些标题对自己同龄人如此定义的人，又有几个身价百万？又有几个是从名校毕业，且事业蒸蒸日上的？

赚钱多的就是有价值的人，赚钱少的就是没价值的人？如果说，一个人的价值只剩下用钱来衡量，这样的价值取向及排序的背后，和那些高高在上的定义他人价值的行为，又有什么区别！

2
定义最重要的不是量化的尺度，而是选择的角度

之前在《邵恒头条》上看到一个关于美国海军管理军队的案例：从20世纪90年代开始，美国海军就开始尝试拥抱智能，把军舰高度自动化。而为了适应、配合这种技术变化，他们还在舰船上做出了重大的组织调整，重新定义了船员的核心素质。

美国政府为此特地推出了一个"人员最小化"的管理概念。

一艘叫作USS Yorktown的老舰船在被重新设计的时候，计划船员数量是75人。这比同一吨位的军舰要少1/4。核心船员的数量就更少了，总共也就40个人。这要是跟"二战"时期的战舰相比，也就是那时候的20%而已。

这样的变化之下，使这艘舰船上的船员，每个人都变成了多面手。比如，拉绳索这个工作，一般的舰船上都有一个专门负责的人，因为这个工作虽然听起来简单，但其实很危险，一不小心绳索就可能把手指头、脚趾头给切断了。但是在这支战斗舰上，却没有一个拉绳索的专门负责人。

这个工作由3个人兼职，一个人是信息系统的技工，一个是枪炮军士，一个是船上的厨子。

而厨子，除了要做饭，要操作绳索，同时还要承担另外两种工作，一个是巡逻员，一个是边界员，也就是要观测舱内进水，防止起火时烟雾扩散的人。

如果要用一句话来概括船员的特点，那就是，他们都不是专家，而是通才。

从单一的角度而言，每个人不过是各司其职的普通员工而已，但从更多元的角度来看，每个人都可以成为身兼数职的多面手。

为什么会讲到这个案例？

是因为很多时候我们并不能仅仅用一个人生产的价值来定义他的人生，而且这样的定义有时候其实根本不客观，也不理性。

随着社会和职场的发展，很多领域的边界已经变得非常模糊了，而一个人的价值同样早已不能用一个简单的标签去定义。

我刚刚进入职场的时候，因为话不多且不善于表达，经常会被一个领导嘲笑："像你这样内向的人，一辈子老老实实地码字就好，做个编辑就行，也别想干别的。"

那时候什么都不懂，还以为老板说什么就是什么，其实人家只是随口一说，真正能定义自己的，只有自己。

后来经过在职场的不断打磨和历练，从一个工地施工员，转行做了房地产策划文案，到后来的新媒体运营，又接触了内容运营和社群运营，还接手知识变现和短视频电商业务，在一步步的拓展和学习中，不断地为自己的职场价值加码。

后来才明白：定义最重要的往往不是尺度，而是角度。这个道理同样可以适用于职场，定义一个人很简单，但选择一个合适的角度去定义却很难。每一个个体都充满了不确定性，从不同的角度去定义不同的人，就会看到不一样的价值。

这才是对一个人最合理而客观的定义。

3
与其被动定义，不如找到自己的价值排序

罗振宇在《罗辑思维》中讲过一个故事，在湖畔大学的课堂上，有一位同学问："我现在上市了，有钱了，我收购、投资、参

股了一堆公司，是不是已经构建起了一个价值网络？"

当时授课的曾鸣教授回答说："其实你的价值可以换一个角度来看。如果你的敌人要打败你，需要什么资源？比如，要打败微软这家公司，我们需要什么？

"你会发现，我们不仅需要一个优秀的软件产品，一支庞大的工程师队伍，还需要遍及全球几万家的各种支持机构，否则这事就做不成。对手眼里，打败你的条件，才是你真正的价值。"

而这位同学现在砸钱拼凑出来的一个业务群，是不是真正的价值网络？这事他自己说了不算，对手说了才算。

你看，这也是一种反向价值定义法。一个人、一家公司，他的价值不能完全由他拥有什么来衡量。他对他对手的改变，其实也是价值的一部分，甚至是更确定、更永久的那部分。我们把这种观察价值的方法称为"反向价值定义法"。

很多时候，我们常常会不明就里地被人贴上一些自己不愿意接受的标签和符号，但那并不是你真正愿意要的。众所周知，没有谁喜欢被人随意定义，但这样的情况在职场上却屡屡发生：你一个做设计的，好好作图就行了；你不是学计算机的吗，来给我修修电脑；你会写文案是吧，帮我想个微信朋友圈动态的文案。

这样的定义，只会让个人的价值和能力无形中被限定在一个简单的词汇之下。既然如此，为什么不主动找到自己的价值排序，重新定义自己的职场生涯？

我学的是工程造价专业，但毕业后我去了深圳，接触到了互联网行业，并从事当时最为新潮的新媒体运营工作。因为当时我就在想：要找到一个上升行业，在这个行业中找到一个最关键的职位，并逐渐形成自己可复制的经验和核心价值。这就是我对自己职场生涯的定义和取值。

这样一来，渐渐根据行业对这个岗位的要求，不断修正自己的现有条件和能力。市场需要什么，我就去掌握和学习什么，在反向价值对比中找到自己的价值。

今日头条副总裁柳甄关于员工定义曾说过这样一段话："招人时，我们常说要画大饼，让候选人看到企业发展前景。这不是忽悠，而是事实，因为你其实就是做饼的人。"

饼的大小由每个加入的人的能力、潜力和耐心决定。轮岗、换岗，不断尝试新任务、新领域和新的工作地点，在一个高速发展、事情永远比人多的公司里，饼能做多大是由每个人自己决定的。

这也是我想传达的一个观点：积极参与不是你岗位的事情，不要在乎别人给你的边界定义。通过不断做事，提出新的想法，尝试新的事情来重新定义自己在公司的位置，提高学习能力、发展潜力和耐力。这才是我们在职场中打破刻板印象、让别人不再随意给你下定义的有力手段。

"江东子弟多才俊，卷土重来未可知。"不管是生活也好，职场也罢，活成自己想要的样子，才是我们对仅有一次的人生做出的最好诠释。

Chapter 3

第三章

学习预期
掌握生存法则,逆势成长

职场求职闯关，请先想好这12个问题

不用说可能你也能感受得到，2020年的职场被一场突如其来的疫情搅和得一团糟，甚至就把很多本就处在寒冬的企业逼到了生死临界点。

前有西贝高呼现金流撑不过三个月，后有老乡鸡老板怒撕员工联名信。这种种现象都透露出一个基本的事实，疫情带来的社会生产生活的半停滞状态，让许多企业都面临着颠覆性的调整和挑战。

行业巨头尚且如此，那么对于很多在这个时候选择出来求职的人，其中的艰难可想而知。当然，重压之下，反而有很多企业迎风而上，抓住了一波逆势风口，从流泪之谷到绝地重生。同理，那些平时就稳扎稳打且早做准备的职场人，反而很有可能在这次危机之中，找到借力点触底反弹，进行第二次或多次成功转型。

正好借这次机会分享自己过去整理和总结的面试流程和要点，希望在接下来的工作中，你能有所收获。

1
了解自己是了解一切的源头

如果当你连自己基本职场特性和技能都不清楚的话,又该如何定位自己的行业?如何匹配自己的岗位?如何描述自己的价值?

电影《教父》中说:"花半秒钟就看透本质的人,和花一辈子都看不清事物本质的人,注定是截然不同的命运。"

当我每每想起这句话的时候,我就常常去思考自己是一个怎样的人,在面试中又该如何给自己的本质去定位?

后来,在不断的摸索和总结中,我在核心技能、成功案例、专业看法、自身短板这4个方面去做了初步的分析和定位,而在这个4个板块中,每个板块都可以再进行拆分和延展:

(1)**核心技能**

我有哪些核心技能和本领?我的差异化优点是什么?我凭什么能胜任这个岗位?

通过这样抽丝剥茧的细致分析,我发现自己在公众号运营、文案编辑、社群运营及数据分析这4个方面的能力比较显著和突出。

与此同时,自己拥有4年的内容运营经验,长时间的工作环境和写作思维模式,让自己养成了对内容的感知能力,而同时自己在逻辑思维的训练上也有所输出,让自己能拥有兼具感性和理性的综合能力。

最后,当我思考到"我凭什么能胜任这个岗位"的时候,我就在想,光是靠热情是无法胜任一个岗位的。在这份热情之下,我们还需要有对行业的认识、对形势的预判、对现状的分析,从自身到行业,从个体到群体。这些都是组成我们核心技能的一个个不可或缺的因素。

(2)成功案例

是否在过往工作中做出突出业绩?所做的案例是否具有可复制性?是依靠平台和团队,还是自己一力承担?

不可置疑的是,成功案例是一个职场人专业能力和个人价值的有力证明,这就需要你对自己过往的职场业绩有一个系统化的梳理。

有没有负责过公众号的运营,并成功实现粉丝有效增长?有没有通过有效运营,在3个月内成功在社群卖货?有没有对工作流程做出梳理,并提炼出有效的方法论?

梳理和复盘自己的工作业绩也是回顾过往工作经历的一个有效手段,看看自己踩过哪些坑?做过哪些不该做的事?都是一种有效的自我复盘。

芒格说过一句耐人寻味的话:"一个人只要掌握80—90个思维模型,就能够解决90%的问题,而这些模型里面非常重要的只有几个。"

其实这里的思维模型,也就是能够更好地帮你理解现实世界的人造框架。在这个过程中,你需要不断总结过往的案例,并提炼出可以高度迁移的思维模型,这才是你可以随时带走的职场核心资产。

你的名片头衔会变，你的职场层级会变，你的上下级会变，但是这个独属于你的思维模型却会一直伴随着你到职场的任何角落，并为你发挥效益。

最后你还要思考，这个成功案例是你依靠平台和团队而取得的，还是自己一力承担的？如果是前者，那离开平台是否还能取得下一个写进史册的范本？如果是后者，那下一份工作你是否能够通过迁移思维再创佳绩？

（3）专业看法

能否对行业发展做出清晰的认识和理解？是否将自己的认识运用到工作中并验证？是否和行业意见领袖交谈，听取专业看法？

闭门造车的下场往往不是很好，我们作为在这个职场环境中生存的人，花时间去了解和关注行业的发展，其实是非常有必要的。

任何一个行业都会经历"形成、成长、成熟、衰退"的不同阶段，去了解这个行业的发展，去看看行业所处的阶段，对应到自己身上，又该如何选择？

是否了解这个行业运行的本质？是否了解这个行业正在发生的变化？是否了解这个行业将来的走向？

有了这样的认识和理解之后，将自己的认知有阶段性地去验证。比如很多人在自媒体尚未成形时就大量布局入场，随着时间的慢慢推移，在各个平台通过长时间精细化的内容运营，达到了早期的原始流量积累。

而对行业没有清晰认识的人，则更多的是随风而动，从新媒体写作到短视频运营，从开通公众号到知乎开专栏，看似忙忙碌碌、声势浩大，但实际上收获寥寥。

当然，光看到就去做可能还有点儿冒险，在有机会的前提下，建议可以多去联系行业意见领袖，去看看他们对这个行业的发展有怎样的预判和理解，并不是让你以他们的意见为导向，而是在可见的范围内，多一些参考和对应，不至于让自己在一棵树上吊死。

这不仅考验一个职场人在表象中提炼本质的能力，更考验他对形势的分析和预判。在时间的累积中，这样的认知和理解会让他更加理智，从而少走更多的弯路和错路。

（4）自身短板

我有哪些明显的缺点和短板？为了改善这些缺点，我做了什么？对自己的缺点，我的理解是什么？

很多人都喜欢对自己的优点夸夸其谈，但很少有人愿意花时间看看自己的缺点是什么。

了解自身的缺点和短板，其实能更好地对自己有一个定位和认知：我知道自己不能做哪些事，有时候比知道自己能做哪些事更重要。

那么，怎么通过测试去了解自己的缺点和短板？

我建议你试试MBTI性格测试，可以大概地了解自己的性格特征和职场属性定位。

当然，有明显的缺点有时候并不是一件坏事，它的存在反而会告诉你，在哪些方面你需要提高，在这个认知之上，有针对性地改善这些缺点才是我们需要做的。

再回过头来看，这一系列见证自己的过程，无非就是让自己更客观地面对自己、面对世界，在职场中找到一个最适合安放自己的位置，而这个过程才是对自己最好的审视和反思。

2
了解公司是为了更好地调整自己

简而言之，就是更全面地了解你所在或将要入职的公司。

当你全面了解了自己之后，你需要做的是了解你所处的环境是怎样的。详细地了解你的生存环境，会让你找到一套更合理的生存法则和机制，这并不是投机取巧或者机会主义式的做法，而是让你在特定环境中找到合适的生态模式。对于一个现阶段并长期处于职场的人而言，是非常有必要的。与此同时，你也可以接着看看你所处的公司，是不是真的值得为之付出。

我将从主营业务、宣发渠道、岗位需求、企业文化4个方向和大家做一个分析：

而在这4个板块中，每一个板块都是从不同角度让你对公司有一个更全面而客观的了解。

（1）主营业务

在了解一个公司的时候，不妨从以下5个方面去进行观察：

①公司介绍：在公司官网中看看它是如何给自己定位的，如何

对外界宣传自己的，甚至包括但并不限于公司的主体介绍、产品介绍、核心团队介绍等。

②营收方式：在一般情况下，很少有公司对外公开自己的营收方式，但不代表你不可以去了解这家公司的营收方式，通过企业营收方式来判断，这家公司是资源垄断性企业还是服务供给性企业，对你未来的工作方式都会产生巨大的影响。

③运营流程：了解一个公司的基本运营流程，可以让你很好地理解自己将要面临的工作和内容，对自己的价值定位也是一个非常好的参考和对应。

④组织架构：组织架构是一个公司的骨骼脉络，了解这个内容就能更好地了解你将来所处的部门和位置。

⑤产品分析：如果上面的内容你都没有办法和渠道去了解，也没有关系，但至少你要了解这个公司的产品，不管是一款上线的App，还是为B端提供某种类型的服务。了解了公司主要产品之后，你才会明白，自己在哪些方面能为产品的迭代创新、推广宣发、内容更新、后期维护等各个方面做出价值输出。

(2) **宣发渠道**

①自媒体平台矩阵。

②传统媒体平台。

国内很多媒体行业或机构由于和企业有着千丝万缕的联系，所以发布出的媒体新闻有很大的不确定因素，可能存在虚假和夸大成分，所以此类信息只能作为参考信息来源。

但是在这样的自媒体或传统媒体披露出来的信息中,你也可以从侧面了解一些关于公司的相关信息,同时也可以对这个企业有更好、更深入的了解。

(3)岗位需求

①岗位说明。

②要求说明。

了解这个岗位需要哪些技能和知识,并侧重于哪些内容,然后根据自己的能力和技能去做对比和匹配。比如,你要应聘一个新媒体运营的岗位,那你首先要去了解这个岗位说明有哪些内容?那也就意味着你需要做的事情。

与此同时,你还需要对比自身要求去匹配,看看自己在应聘这个岗位时有哪些条件是符合的。

(4)企业文化

①发展经历。

②创业故事。

③创始人团队。

④企业文化。

虽然很多公司都自诩自己的企业文化做得很好,但除了内部员工不得不认可之外,很少有人拿企业文化当回事。一个好的企业必然有自己的企业文化机制,比如华为"以奋斗者为本"、阿里"铁军"文化等。

当然,也有很多企业画虎不成反类犬,经常拿大公司来进行强关联和自我标榜，天天喊着营造企业文化，却不干实事，当你碰到有这样企业文化的公司，建议还是三思而行。

除此之外，一家企业的发展经历和创业故事也是一个侧面了解公司发展的有效渠道，当然，说得好听的也不可尽信，毕竟企业文化当不了饭吃，说得再好听也不如能做事的。

经过以上4个板块，你对于公司或多或少有了一些了解，这个过程其实也是你在这家公司中去自我定位的过程，你可以在不同的部门中去匹配自己的价值和地位，同时也是真正"见企业"的必经之路，更是检测自己和这家公司的职场基因是否匹配的不二之选。

3
了解行业本质才能理解公司的运营逻辑

简而言之，就是深入地去了解这个行业运行的本质。

就像很多人常常选择那些看起来大而全的公司，因为没有客观洞察行业的本质，只是单纯地被媒体或外界披露所误导，投身到某个行业之中企图赚一笔大钱，很显然，这和进入动荡的股市一样疯狂。

吴敬琏先生曾经如此点评中国企业家："对于本质性的问题缺乏深入研究，那么解决问题的办法往往是就事论事。"

不得不说，花时间去深究行业本质，对于每一个职场人来说都是必不可少的。而在这样认识本质的过程中，你会发现行业背后真正运行的逻辑。

那么如何更好地了解你所在的行业？不妨从了解市场、了解竞品、了解趋势、了解规则这4个方面去深入，而这4个板块会让你对整个行业和市场有一个更全面的洞察和理解。

（1）了解市场

①公司发展情况。

②其他市场情况。

不同的公司发展情况各不相同，了解自己所在的公司或即将进入的这个公司的基本发展情况，是你对这个行业发展的一个缩影式的观察。

现在有很多市场咨询公司会提供专门的行业研究报告，有些付费，有些免费，这些市场分析报告通常都非常全面和专业，如艾瑞咨询、易观国际等，以及BAT、华为等公司的行业研究报告。

通过这些数据和报告，你能够快速且有效地建立起对行业的初步认知，从而有效地探索这个行业。

（2）了解竞品

每个行业甚至各个细分领域都会出现佼佼者或领头羊，这时候你可以对这些典型企业进行研究，通过竞品分析，了解行业中主要有哪些玩家，每个企业的规模、融资、产品、市场数据等分别是什么。

了解典型企业及成功案例的信息，这是你了解对手的最佳方式之一。

（3）了解趋势

不要以为趋势是个虚无缥缈的词，其实趋势反映在行业的各个角落里。行业发展趋势包括随着经济、技术、政策的发展，行业未来的发展方向。

从信息的传播方式到用户的消费习惯，从产品的设计理念到工作的运营路径，行业的趋势无不深藏其中，如果你对这些表层变化都无动于衷，又有什么能力洞察行业本质？

（4）了解规则

要明确本行业的监管部门有哪些，主要的监管政策、规范有哪些，最近的政策风向如何。

而一般很重要的行业会议会邀请行业领军企业参展和嘉宾演讲，参加行业会议可以认识一些同行，甚至可以得到一些行业资深人士的联系方式。

嘉宾的演讲一般都代表着行业发展的最新趋势，在嘉宾圆桌环节，由于是自由交谈和临场发挥，嘉宾会分享相对讲PPT而言更有实操的经验。

在这个时候，你会发现专业人士对于风险规避的意识和操作都是非常谨慎的，而正是因为这份谨慎，让他们在这个行业中一直领先于人。

吴军先生在《格局》一书中也曾说过一句话："一个人不断往上走，眼界越来越开阔后，就越知道自己能力的局限，会越谦逊，越有敬畏之心，就不会再有不切实际的奢望了。"

了解整个行业的发展本质，会让我们知道哪里是自己能力的局限，而哪里可以再做一番尝试，对行业了解得越清晰，也就越发被敬畏和尊重。

一切进步，从学会深度思考开始

罗振宇曾说："人生的一切难题，知识给你答案。"

那么问题来了，很多人不断重复去解决各种难题的动力是什么？我想，应该是渴望不断向前。

想要收获比昨天更好的业绩，想要摆脱一身沉重的赘肉，想要和他人建立和谐的关系，但种种渴望的需求在某种程度上而言，也让他们陷入了另一种迷茫和痴狂。

我见过逼员工完成业绩而惩罚员工互扇巴掌的新闻，我也见过为出名在线直播自己跳河最终身亡的案例，我还见过为月入上万元而连刷20多张信用卡的现场。

我的第一反应就是，这些人怎么这么傻？

后来我才发现，他们并不是傻，而是很多事根本没有深度思考，甚至可以说根本没有想过：自己有什么、自己要什么、自己该做什么。

而恰恰是连这些基本的问题都没有想清楚过，就急急忙忙地投身这个世界，或在名利场上追逐，或在滚滚红尘中随波逐流，或为蝇头小利曲意逢迎。总而言之，活成了自己最不愿意成为的样子。

被称为"信息论之父"的香农说："你越能触及问题的本质，

得到真知灼见的效率就越高。"

为什么有些人能在半秒钟就看透事物的本质,而有些人一辈子也看不清事物的真相?简而言之,缺乏深度思考的习惯和能力。而你一旦拥有这样的习惯和能力,在大多数情况下,就能避免陷于非理性的狂欢,尽早避开盲从效应的伤害,从根本上让自己以想要的方式,去过想要的一生。

1
透过现象看本质,是了解一切事物的根本

在如今这个知识爆炸的时代,很多人做起了"知识付费"的生意,当你打开微信朋友圈,满屏扑面而来的都是各种充满营销味道的海报:"从0到100万元的9步理财神技,带你发财不迷路""零基础没人脉,也能轻松月入过万玩手机搞副业""秒懂男人3大怕与5大弱点,让你轻松撩男神。"

如果你是一个互联网从业者,可能觉得这样的课程没什么了不起的,可你不知道的是,很多人都会为这样的课程付费,我承认,我也有过。为什么就凭着一张海报中的几句文案就能带货百万?

正如产品运营专家梁宁所说:"要么做一个让人愉悦到暴爽的产品,要么做一个帮人抵御恐惧的产品。如果做一个看上去在某种程度上帮人不再难受,但是在暴爽和抵御恐惧上无所作为的产品,那就是一个不痛不痒的产品,也许有人会买单,但不会爆火。"

每每想起这句话的时候，就不难理解为什么那些卖课海报频频会出现诸如这样的字眼："从0到100万""发财不迷路""月入过万""轻松""快速""变现"。

所有的字眼都在向受众传递着同一个信息，那就是："这世上真的有快速发财、变美、变瘦、让男神爱上你的方法，只要你付钱就行了。"

而这个信息背后所隐藏的就是人性中的贪婪、嫉妒、执着、恐惧等，在这种种欲望的驱使之下，自然而然就有各种各样的痛点和爽点需要被满足。

这也正是张小龙所说的："产品要让用户产生黏性，就是让用户对你产生贪嗔痴。当我们在做一个产品的时候，我们是在研究人性，而不是在研究一个产品的逻辑。"

当我们明白了这个道理的时候，我们就应该明白思考问题时并不能仅仅只停留在表象和浅层，而应该学会透过现象看本质。

战国时期，齐国谋士邹忌为了劝说君主纳谏，使之广开言路，曾以自己为例说："我知道我自己不如城北徐公好看，但我的妻子偏爱我，我的小妾畏惧我，我的客人有求于我，都说我比徐公好看。"

一言以蔽之，邹忌并没有因为旁人的阿谀奉承就骄傲自满，觉得自己比城北徐公好看，而是仔细分析发现其中有蹊跷，一眼看穿了"他人或爱、或惧、或有求于己"的本质。这样的情况在现实生活中不也比比皆是？

但一旦理解并学会了透过现象看本质之后，我们对于诸多现象的理解也会变得从容许多，并不会因为外界的纷纷扰扰而干扰自己内心的想法和初衷。

不得不说，真正能够看清真相的人，往往都是那些最早透过现象看清本质的人。

2
为什么说学会深度思考是不断接近真相的最佳方式？

或多或少有人会被詹青云这位敢说敢讲且理智的女生圈粉，甚至很多人得知她是执业律师之后，对她的职业身份崇拜不已。

其实，真相往往没这么简单。

2018年，美国律师的平均工资为14.423万美元，高居美国职业薪资榜第四位，自建国以来，美国共产生45位总统，其中竟有25位是律师出身，比例高达55%。

毋庸置疑的是，律师在很多人眼里，是一份令人艳羡的工作。但鲜有人知的是，律师得抑郁症的人数比其他职业要高3.6倍，因为律师这个职业不允许你盲目乐观。

作为律师，你在打官司之前要考虑种种可能的后果，将什么事情都往坏处想。所以，律师也是一个悲观主义者居多的职业。

很多时候看问题并不能只停留在表面，而应该深挖问题的根源，做到真正有效地解决问题。

发明家爱迪生曾经被人誉为"发明大王",但很多人不知道的是,他有这个外号是因为他发明了很多无用之物。

当时,对电的利用才刚刚开始,爱迪生就发明了一种专供美国议会使用的自动表决机,并获得了他的第一个专利。

原以为有了这机器,议员就可以加快议会的投票过程,提高效率。但当时的议员根本不理睬他,还告诉他这东西毫无用处,随后找个理由就把他打发走了。

后来他才知道,议会出于公平的考虑,需要给少数派足够的时间来说服其他议员。因此,出于决策流程的考虑,国会投票并不会加快进程。

自此以后,爱迪生明白一个道理,这世界光有技术是不够的,技术还需要有用、有市场,他从一个单纯的发明家思维,转变到企业家思维,一生再也没有做任何没有市场的发明。

在今天看来,这个故事依旧不过时,它依然时时发生在我们面前。

很多时候,我们会因为担心自己落伍而拼命奔跑,但凡觉得和新潮、流行相关的都是好的,最新出来的技术手段、刚刚曝出的八卦热点、网红热推的打卡好物,都需要追随,而忘了一些不变的道理。

那就是我们追随的一切是否能真正帮助自己获得进步?

就像很多人常常痴迷于结识大神、链接人脉,而忘了真正的社交本质是价值交换,当你没用的时候,你认识谁都没用。

如果没有在这个层面上去做深度思考，去努力找到真相，那么认识再多的人，朋友圈看起来再热闹，自己也不过只是别人通讯录里永远不会被想起来的一串号码而已。

爱因斯坦说："真理就是在经验面前站得住脚的东西。"

别总是醉心于那些似是而非的"鸡汤"，也别汲汲追求于那些绚丽夺目的发财案例，当一切高大上的理论并不能让你的生活变得更好、更便捷的时候，你就该明白，你离真相越来越远了。

3
大胆假设，小心求证，用最真实的方法看清本质

在福尔摩斯系列侦探小说《血字的研究》中，福尔摩斯仅凭借几个小细节就判断出华生刚刚到过阿富汗，这一准确的论断让华生叹为观止。原文是这样描述的：这位先生有医务人员的风度，又颇有军人气概，那么显然他是个军医；他脸色黝黑，但手腕的皮肤却黑白分明，这并不是他原有的肤色，说明他刚从日照很强烈的地方回来；他的左臂举动僵硬，可见左臂受过伤。

试问，一个英国的军医在一个日照充足的地方服役，且手臂受伤，还有战争发生，这能是在什么地方？

自然只有阿富汗了。

仅仅根据一个人的外貌特征，比如军人气概、肤色分明、左臂受伤，就能推导出这个人的身份和来历，不可谓猜测不大胆，分析不细致。

福尔摩斯对华生的推理不过是两个步骤而已：先按照华生的外貌特征进行大胆假设，然后在华生身上寻找细节印证假设，最终得出结论。

简而言之就是八个字：大胆假设，小心求证。

大胆假设、小心求证的过程，是我们在思考事物根本属性时的必经之路，当然这个方法有很多种，比如先归纳后抽象法。顾名思义，就是先进行归纳，再进行抽象地概括的推理方法。

梁宁在讲如何找产品痛点的时候，讲到如何理解"痛点"的根本属性：什么叫痛点？

有人说，对产品来说，痛点是指那些尚未被满足而又被广泛渴望的需求。

这个答案显然不对，没有被满足，用户只是难受而已，不能拿用户的难受当痛点或者产品的切入点。

一些网友讲了自己的案例，就很有意思："一天到晚都会收到推销员的电话，恨不得卸载手机通话功能，直到我碰上某某号码通。""每次去医院就很烦，排队挂号缴费很麻烦，这时候有个App帮我网上预约就很方便。""当年海飞丝的广告就很打动我，第一次去我老婆家，肩上的头皮屑被嫌弃了好久。"

这时，我们稍微留意下就会发现，上述场景中用户决定要用什么产品帮助自己，他们心里会有一个字来形容，就是"怕"，所以，痛点就是恐惧。

先从痛点的案例进行收集，再对案例进行归纳，最后得出结论：用户决定要用什么产品帮助自己时，他们心里用一个字形容，就是"怕"。接下来，再对这个结论进行抽象，变成一个精确的简单类比，即痛点就是恐惧。

简单的两步，就能找到事物的根本属性。而上面这个方法只是我们对了解事情真相的手段之一。在思考问题的本质时，能否得到结论可能还不是最要紧的，关键是我们在思考问题的本质时，能否沿着正确的路径不断进行下去。而不是人云亦云或者不辨真伪，就急着下结论去否定真相。

常有人感叹，世界如此喧嚣，真相何其隐秘。其实真相一直就在那里，只是很多人常常没有刨根问底的耐心，也不愿意花时间探究现象背后的底层逻辑，自然也就成了远离真相的那一个。所以，并不是这个世界很肤浅，而是我们思考问题的方式不深刻而已。

在慌忙奔赴红尘之前，不如凡事多想几步、尽量冷静几秒，对于那些看起来极具诱惑的事情，不妨站在局外人的视角去看待它。而不是在多少年后，回望自己一路走来才惊呼：明明有些错，本该可以避免；明明有些事，本该可以不做；知道什么该做，而什么不该做。也许，这才是不同人生之间差距如此悬殊的本质。

固执，不过是一种愚蠢的表现

说起固执这个话题，想必大家都不陌生。

在生活和工作中，我们常常会遇到这样的人，有时候我们还会用另一种说法去解释，也就是"轴"。

更可怕的是，每每遇到这样的人，不仅要浪费很多的时间去和对方沟通解释，更难堪的是说完之后对方并没有太多的变化和改进，然后继续保持现状。无怪乎康德说："人类从历史中所得到的教训就是，人类从来不吸取历史教训。"

成年人的世界一旦变得封闭，消息变得滞后，视野变得狭窄，随之而来的必定是心态上的故步自封和抗拒性回避。久而久之，对所有的事情都提不起兴趣，更谈不上改变。

"我知道，但我不改。""对，你说的我都知道，但是我就是不改。"什么都不改，意味着什么都想保持现状，然而世界的终极命题就是变化和发展，于是差距和代沟也就这样产生了。

固执的人，谈不上坏，只是很多时候他们忽略了事物发展的本质：就像螳螂挥舞前臂妄想阻挡世界车轮的前进，注定是一场失败的坚持。

1
只相信自己相信的，不改变自己不愿改变的

曾经有一位心理学家做过一个实验，找到一群人，这中间有支持死刑的，也有反对死刑的，然后给他们同时读一份关于死刑威慑效果的材料。

其实这个材料就是讲死刑到底有没有威慑效果，在哪些情景下有，在哪些情景下没有。材料本身没有太多的倾向性。

但是这两拨人听完之后，支持死刑的人表示更加支持死刑了，而反对死刑的人更加反对死刑了，而且他们都声称这份材料给他们提供了可靠的证据。人们大概率只想要看到自己想要看到的，只相信自己想要相信的。

这种拒绝接受，甚至是曲解信息的现象，我们可以把它定义为心理上的保守主义倾向，即倾向于忽略，甚至曲解和自己原有观点相左的信息，不改变，或者说是极慢地改变自己原有的观点。

这样一来，我们就不难解释生活和工作里的种种现象，比如你劝一个人不要吸烟，而对方当然知道吸烟对身体不好，但是身边很多人都在吸烟，而且自己也没什么大毛病，于是不以为意地接着吸。

甚至他还会说："隔壁的老李都是40多年的老烟枪了，也没见他有什么不对劲的，我这一天抽一根能出什么问题？"

每个人都倾向于寻找，或者相信那些支持自己观点的证据，甚

至会将一切的信息解读为支持自己的证据。

你劝他不要抽烟的时候,他会说我就抽一根;你劝他不要喝酒的时候,他会说喝一点儿没事;你劝他没事多学习的时候,他会说学习没用。你说的他都懂,但他就是不改。

人的思维一旦形成定势,除非遇上重大改变,否则他们依然会按照自己理解世界的方式去理解世界。如果借用北岛的一句诗句,那大概是:固执是固执者的通行证,偏见是偏见者的狡辩术。

2
放弃无谓的固执,放弃无效的沉没成本

众所周知,武汉还是一个建设中的城市。在1995年前后,武汉就开始了房地产开发阶段,等到我上小学的时候,武汉的房地产行业已经非常发达了。但是从那个时候开始,就听到我爸爸身边的很多人开始唱空房价,说武汉的房价是泡沫。因为房价的上涨也不是一条平滑的直线,偶尔也会有小波动,可特别有意思的是,每一次,只要有某一个地区或者有一个小幅的向下调整,他们就会认为这是支持他们的空头理论的证据,但是其他大片地区大幅地上涨,他们却视而不见。

但是时间和现实没有骗人,20年后武汉最北边已经开发到新洲地区,最东边和鄂州的葛店相接,即便是最偏远的三环外好一点儿的单价都已经飙升到1平方米12 000元以上,而当初那群唱空武

汉房价的叔叔伯伯们，现在肠子都悔青了。

不是他们当时没钱，而是他们根本不愿相信将来。

为什么总有人如此倾向于维护自己的观点，而对现实情况视而不见？

经济学中有一个说法叫"沉没成本"，指的是一种过去而不可挽回的成本和费用。为什么很多人固执己见？因为我们在形成观点的时候，耗费了时间、金钱、精力甚至情感。

当年5 000元一平方米的房子都没买，你现在告诉我涨到了8 000元？不买！结果过两年，当年8 000元都没买你告诉我涨到12 000元了？还是不买！

这些思考已经对你未来的投资毫无意义，但是它的存在会让你一而再、再而三地不愿意改变自己的立场。于是，差距和代沟就这样产生了。

这两天听到一个段子，刚好可以用来解释上面这段话：女人其实很简单，一旦遇到她喜欢的男人，她根本不怕被骗，因为她自己会骗自己。这不就是典型的被沉没成本所耗尽的表现吗？

明知他是渣男，可是都投入了这么久，说不定他是真的爱我？明知他对你没有意思，还恋恋不舍，说不定他明天就回心转意了？明知他要和你离婚，还心心念念，毕竟老夫老妻过了这么多年？一旦被这些所谓的沉没成本捆绑在身，就如同身上的枷锁、心头的包袱，永远再难甩掉。

有时候，"我知道，但我不改"并不是一种值得称赞的坚持，而恰恰是一种应该摈弃的愚昧。

3
忘记自己的立场，让一切想法归零

很多人知道大前研一这个人是从管理学开始的，但很少有人知道，大前研一早年在早稻田大学读书时，学习的专业是应用化学。而这个专业最大的应用方向是石油，为什么从石油化工专业跳槽到管理学？

这离不开他的"归零心法"。

在大学一年级时，大前研一读到了一篇美国学者发表的论文，论文中说，根据对目前世界能源储备的现状预估，全世界的石油资源会在30年后枯竭。大前研一深受震动，于是，他决定转而研究可以取代石油的能源核能。这被大前研一称作是自己的第一次归零。

本科学习结束后，他考进了东京工业大学研究所原子核工学系。之后，他到美国留学，在麻省理工学院读博士，还是研究核能。

从麻省理工学院博士毕业后，大前研一进入了日立公司，被派到日立工厂核能开发部炉心设计科。那时候，他的梦想是要制造由日本人自己设计的原子炉。但是，后来东京电力觉得自主开发技术十分困难，决定放弃自主研发，直接从通用电气引进技术。知道这个消息后，大前研一在加入日立的第二年选择了辞职。那一年他

29岁。大前研一把这称为自己人生的第二次归零。

而大前研一进入麦肯锡做管理工作属于无心插柳。在一次机缘巧合之下，他被一家人力资源公司推荐到麦肯锡面试，意外地通过了面试，很多看起来不可能或者不搭边的事情，却总能在他那里被完成。

大前研一却说："因为这条生路是我自己判断、自己选择的，知道错了，只要立刻归零再做修正就是了。如果发现自己的假设是错的，重新做假设，再次出发就行了。"

为什么要在这里讲这个故事？是因为我常常遇到这样的人，他们对于一切改变和选择常常保持着习惯性抗拒。自己内心堆积了太多的想法，自然对其他的改变不屑一顾或者无动于衷。

那么如何才能走出内心的囚牢，接受外界的变化？

不如试试归零法。所谓归零法，就是忘记你现在的立场，把自己想象成一张白纸。假定自己现在一无所有，根据目前所了解的情况，问问自己应该做哪些事情和不该做哪些事情。并且做一个清单进行排序和量化，你就要果断地改变自己的立场，选择目前最合适的事去做。

作家马伯庸曾说："走出舒适区的目的不是找罪受，而是找到一个你之前从来不知道的更舒适区域。"

而所谓的归零法，恰恰需要的就是放弃自己的惯性思维，走出当前思维的舒适区，放弃无用的沉没成本，永远保持好奇心与专注力。成人使用归零法修正自己的方法方向，就是勇气。

大学老师曾经和我说，他下载过某一款新闻资讯类的App，只要点击某一个新闻就会接二连三地给你推送类似的内容，他说那种被强化和被塑造的感觉让他的思维越来越不独立，就好像一头被人牵着走的牛，根本没有思考的主动权。

真正的聪明人常常会喜欢不断克服自己的固有观念，去打破保守主义，不管是做人还是做事，这样的改变背后是强大的勇气和过人的见识。

有了这份勇气和见识，他们注定会和信奉"我知道，但我不改"的人产生巨大的差距，最终走向截然不同的人生之路。

那么，问题来了，有人指出你的问题之后，你会改吗？

什么样的人最容易抓住机会？

疫情之下，全球局势同此凉热。

不管是现在疫情肆虐的西欧国家，还是情况逐渐向好的中国，全球各个国家和地区都或多或少地受到了疫情的影响。

据国家统计局最新消息，2020年1—2月受新冠肺炎影响，失业率有所上升。尤其是2月份，企业停工停产增多，用工减少，就业人数下降，失业率明显上升，较往常月份上升了近1%。

据2019年国家统计局消息，截至2018年年底，城市地区有4.647亿人就业，失业率上升1%就意味着新增失业人口近500万。

但也无须惶恐，疫情对就业影响是短期的、可控的，从长远来看，中国经济仍具有较大的发展潜力，但如何度过这一段职场困难期，甚至是在未来做好防控准备，才是最关键的。

阿里巴巴创始人马云就曾说过：在天气好的时候，要勤修屋顶，及早做好准备。在未来脱颖而出抓住机会的，在我看来一定是这三类人。

1
及时抓住机遇,认清形势的人

其实危机并不是没有预兆的,只是有时候有些人看出来了,有些人反应太慢而已。

有人说,这场疫情对整个职场人来说都是一次大考。

疫情之下,每个人都在自救,而实际情况是,每个人的结局都不一样。

之前认识一个瑜伽老师,平时就很注意维系和客户的关系,除了日常带课教瑜伽,她还特意整理自己的授课视频,上传到各大短视频平台。同时又一直在打理自己的个人公众号,在上面分享各类练习瑜伽的心得和体会,并附带相关说明。每次节日期间,还会针对用户推出一些优惠活动,真的是把新媒体的各项功能和效果发挥到极致。

2020年疫情暴发,别的老师正愁没客户上门,而她早早地开启了线上授课的模式,不仅没有受到太大的影响,反而解决了很多客户在家运动的难题,一时间赢得了不少用户的关注和支持。

她在微信里和我分享:"因为现在本来就有很多女生比较宅,平时就不愿意出门,现在疫情严重更难出门了,但是她们练瑜伽的需求一直都在。这是客观存在的,只要我解决了这个问题,就不愁没客户了。"

及时抓住机遇、认清形势,是我们面对多变的职场的最佳方式,这个看起来平平无奇的案例,放到我们职场人身上一样受用。

润米咨询创始人刘润老师在文章中问:人和人之间的差距在哪里?在于是站在1楼、10楼,还是100楼看事物。

有的人终其一生的努力,都只是站在1楼的视角看外面,看到的都是细节。

有的人努力向上攀登,站在10楼的视角看外面,开始能逐渐看到局部,轮廓关联浮现。

有的人比你更优秀,还比你更勤奋、更努力,他爬到了100楼看世界。他看到的是全局,开始体会自然资源的分布、城市设计的气概和俯瞰世界的万丈豪情。

只有及时抓住身边那些稍纵即逝的机遇,你才有机会走向更高的楼层,看到更远的地方。

而看得更远,你才知道怎么走得更远。

2
苦练基本功,出事能填坑的人

疫情发生之后,有很多朋友都开始在家远程办公,公司也安排他(我的一个客户)在网上办公,但是整个部门就他带了电脑,其他人要么就是将网络不好当作理由,要么就是将没有办公条件当作借口。

总之,渐渐地,所有事情都堆在了他一个人身上。

或许你可能觉得这哥们儿有点儿倒霉,一个人给全部门填坑。

但实际上他不是这么想的,就在他一个人做完了整个部门项目的前期规划和推进工作时,他所在的城市复工了,迅速凭借着这个工作经历和成功案例跳槽到了一个心仪已久的公司,前后时间不超过2个月。

而原公司部门其他人全都傻眼了,后来他发信息和我说:"我难道不知道他们根本不想揽活儿吗?既然他们不做那就由我来做,职场上的成长都是自己逼着自己的,你不想动根本没人会推你。你看这活儿本来人人都有份的,结果他们自己压根儿不想动,这能怪谁?"

疫情之后,职场的不确定性更加被放大,而那些能在不确定性中稳稳站定的人,都有"平时苦练基本功,困难时候能填坑"的特点。

刘润老师曾经写过一篇《人人都是自己的CEO》的文章:"今天,不管你愿不愿意,你都被卷进了'无限责任时代'。每个人都是自己这家'无限责任公司'的CEO,承担全部的风险和回报。你必须像经营公司一样经营自己:构建自己的协作关系、塑造自己的产品和服务、呵护自己的名声、把注意力放到产出更高的地方。"

对于我们这些普通职场人而言,平时扎扎实实把手头工作做好,出了事情时能果断上前扛下问题,学会像一个总裁一样去对全局负责。

唯有如此，我们在面对危机时，才能做到不怕事、能扛事、会做事，而不是找各种理由甩锅推诿摞担子。

每个老板心里都有一杆秤，什么人值得留、什么人该走。放心，他比我们都清楚。

那么，问题来了，如果你是老板，你会给那些关键时刻不干活还找各种理由的人机会吗？

你不会的，老板也不会的。

3
自己是资源还会找资源的人

很多人都会把资源挂在嘴边，但是他们很少想到最好的资源其实是自己。

职场本就是一个谈"价值交换"的地方，自己没有价值，别人凭什么给你资源？

前一段时间在微信朋友圈里分享自己做的一个新项目，也是因为这个项目，受到很多朋友的关注和支持：有主动帮我宣传活动卖个吆喝的；也有主动找我要求做分享嘉宾的；还有主动找我对接商务合作的。尽管人数不多，规模也不大，但是我清楚其中有很多都是以前我曾经帮助过的朋友，也有一些是互相合作过的对象，别人出于还人情给予支持，但想到这里还是非常感激。

其实，职场是你人生的主旋律，是我们大多数人成就感、人际关系和财富的主要来源。

也是疫情之后的这段时间，这个感受在心中越来越深刻。因为我们大多数人一生中要工作30～40年，每个工作日都要把超过一半的清醒时间，用在和工作相关的事情上。25～40多岁这个人生阶段，职场尤其重要。

重视职场，学会经营职场关系，才是认真对待自己的人生。而用心经营自己，不断通过提升自己的价值和能力，去和更多的人保持链接，这本身就是一种职场成长。

在疫情影响下的职场，我发现保持灵活性和机动性，以开放的心态对待新事物这个认知越来越重要。

这几年我看到很多在职场上晋升迅速的人，他们并不是看起来特别聪明的人，不过他们都是很用心的人。

有的善于观察形势，把握重要时机；有的苦练内功，关键时刻能打胜仗；有的用心经营自我，成长迅猛。

很多人都明白"职场不确定性"的巨大危害，但是很多人错就错在在海啸与巨浪来临前的那一段平静时光里，放松了警惕，以至于最后看不见危机，或者看见了最终却没逃脱。

其实，这次疫情给我最大的感受就是：尽早走出职场的舒适区，接受新的挑战，你会发现很多令自己兴奋的事物。哪怕你只是在缓慢成长，而不是晋升，你同样会丰富自己的技能，拓宽视野。

关键在于，你要知道应该在什么时候行动起来。一直在正确的方向保持行动的人，才是最有机会的职场人。

辞职前先想清楚，是因为什么

每个人都是从带着新奇开始一份工作，再到长时间重复，难免会对其产生厌倦或者怀疑其价值的心理。这时，你是选择继续坚持，还是果断辞职？

这最后的选择，往往取决于你对这份工作的认知。所以，为了保持认知的相对准确，辞职前请冷静分析。至少你要想明白，职场上是不是只有辞职才能解决问题？

1
辛苦工作5年，离职只用5分钟

新年开工伊始，郭哥就和我发私信，说自己辞职了。郭哥是我前公司的技术总监，因为之前的工作交接比较频繁，私下里常常会找他聊天。印象中的郭哥一向踏实肯干，又是公司的得力干将，正处在事业上升期，怎么突然之间就辞职了？

还在我觉得纳闷的时候，郭哥在对话框里接连发了好几条语音，每条都快满了60秒，我心想这得有多大的委屈才能憋出这么多话来？

事情是这样的，郭哥作为公司创始团队之一的技术骨干，从大家开工的那一天开始，老板就不断地给他画饼，要什么都说给，可到最后就是各种敷衍和借口。用他自己的话说就是：空头支票随便开，一到期限就欠债。

这么多年来的工作却一直都是他带着手下的兄弟一起不分昼夜干出来的，就连儿子幼儿园毕业典礼他都没时间去参加，到最后终于和老板摊牌了。

老板一看情况不对，这么好说话的人都铁了心要走，知道留不住了，反倒是很爽快地应允了，想着以前加班加点掰着手指头都数不清的日日夜夜，到头来只剩一张离职表。郭哥后来跟我说："后来才明白，没有谁离不开谁，比我厉害的人多了去了。凡事想通了就好，没什么大不了的。"

这些年来，我看过很多事业如日中天的职场人，很多都选择了自主创业或者是放缓行程、重新思考。倒不是他们缺钱过日子，而是关于辞职，他们通常都有自己不同于常人的解读。

2
钱少拿、事多做，将来一切总会有

以前看《无间道》，梁朝伟扮演的警察卧底当面和上司诉苦，那时只觉得好笑，最后黄秋生扮演的上司还安慰着说："这案子一破就退休。"

后来进入职场才发现，原来"三年之后又三年"真的不是开玩笑，"案子一破就退休"更是不可能。职场上的事是干不完的，要真是干完了领导干吗还要费这么大劲给员工画饼？

说起"画大饼"，可能很多职场上的过来人都是一肚子怨气，因为"画大饼"还有一个美丽的名号，叫"职业前景"。

比如，有些领导为了招纳人才或留住骨干，最常用的话术是什么？

上市！分股！期权！合伙人！甚至是"将来你们的身价都是不可估量"！可最搞笑的就是说了这么多，晚上加班的外卖和打车费照样不会给你报销。

试问，有多少自身能力不错的人才在老板唾沫横飞、激情澎湃的伟大蓝图中动了心？

相比于单方面热血沸腾、指点江山的老板，员工可能更关心的是承诺了好几年的"13薪""带薪休假""不加班"到底几时能兑现？

其实，只承诺不兑现的行为就是"画大饼"，可能很多老板都想着员工能够"钱少拿、事多做"，顺便再加一句"将来一切总会有的"糊弄下属。

那么画出来的"大饼"会不会真的有一天能吃到嘴里？或许是可以的，但说实话概率真的很低，恐怕最后伤的也是曾经真正以KPI为目标拿命拼的那帮员工。

想起刚刚毕业后进入职场，第一家公司领导看上去确实非常善待员工，各种封官许愿的职场小把戏玩得烂熟，像我们这样不谙世事的年轻人常常是拼命干。记得有一次部门成员确实完成了项目的绩效考核，但最后工资却不是按照之前老板承诺的计算，不但没有加上承诺的提成，反倒还扣了不少钱。

我和几个同事去问人事，对方则是一脸无辜地说："以后等公司做大了，这些都会补发给你们的。"

后来部门里其他几位同事，越想越觉得气愤，入职不签劳动合同，各种克扣员工工资，即便是完成了任务也不发绩效，几位同事一合计直接集体辞职，还收集了相关证据把公司给告了。最后通过劳动仲裁不仅拿到了相应的绩效和工资，还给前上司好好地上了一堂课。

华为总裁任正非说："要相信人内心深处有比钱更高的目标和追求，愿景、价值观、成就感才能更好地激发人。"

老话说，"劲往一处使，力往一处出"。很多时候比起领导画出的看不见、摸不着的大饼，可能员工更愿意接受一份真心的认同和理解。

比钱更高的追求，莫过于对工作的热爱。把工作当事业，不管是为公司打工还是为自己打工，员工都需要一个平台去发挥自己的才能，去实现自己的人生价值，而企业要做的是如何和员工建立基本的信任与尊重，而不是成天浪费大家的时间玩着你画我猜的办公室小游戏。

3
我不怕工作脏累苦，只是不想吃没有意义的苦

以前经常听职场上的一些过来人拿"'90后'吃不了苦"来说事，诸如一开口就是现在的年轻人"动不动就辞职""一言不合就甩担子不干活了""每次干点儿活就哭天抹泪的"。

记得之前微信朋友圈被一条微博刷屏，说的是公司领导不应该责骂年轻人，他们可不受委屈。你要骂年轻人可以，但也要做好对方离职的准备，他们可能一眨眼就不见了。

知乎上有一个问题："小地方工厂招人，月薪4 000元没人应聘，高档咖啡店月薪3 000元就能轻松招到人，是不是现在的年轻人都不愿意吃苦了？"

回答中一片附和：一代不如一代，现在能吃苦的不多了；现在的年轻人娇气着呢，要吃苦的工作给再多钱都不想干。

这样的现象确实有，但可能在年轻人那里又是另一种说法而已。

有个朋友是做平面设计的，每次见面都会和我聊一些与设计相关的事情。他说有一次公司接的一个项目换了三次同事，理由令人很无语，最夸张的一次是客户嫌商标不够大，"95后"设计师觉得客户没审美，只知道突出广告，坚持不同意改。

客户急了，直接找公司高层投诉，领导当然向着客户，在公司群里把设计师骂了一顿，结果他急了，离职手续都没办，没结的工

资也不要了,直接消失。

朋友和我说:"可能你会觉得那个设计师很不负责,一声不吭就跑了。其实不是的,他跟了这个项目两个半月,等他接手的时候产品版面已经修改了好几轮,还没有定稿,而且最无法忍受的是大半夜还被要求起来改图。"

七堇年在《灯下尘》中写道:"最让人受不了的不是吃苦,而是你不知道吃苦是为了什么。"

职场上最大的问题根本不是吃不吃苦的问题,而是该不该把时间浪费在无意义的工作上。

后来,那个设计师给朋友发私信说:"我已经和客户说了很多遍了,那样设计不好看,对方还是不听,我刚改完,他又要再改。这不是浪费大家的时间吗?"

与其盲目地劝年轻人吃苦,不如给他们一个奋斗的理由,毕竟哪个人愿意把人生最宝贵的时间拿来白白浪费,或吃不该吃的苦?

4
职场如后宫,该做事的心思全拿来内斗

有一段时间在办公室吃饭,小姑娘扭头一看周围没人,凑过来和我吐槽:"真的是烦死了,一个部门十来个人,光是各种小群就建了8个,我每天看各种群消息都忙不过来,还老怕回复错了信息,搞错了对象。上个班本来就累人,还要花时间处理各种窝里

斗，真是心累。"

她给我看了看手机，一长条全是聊天群，什么吃饭去哪儿群、姐妹K歌群、周五买买买群，反正就是以各种名头建的群，总有几个被排除在外，然后那几个被排除在外的又拉来一批人建群。

那小姑娘说："我就是成天在群里一句话不说也被喷得够呛。你说工作积极吧，有人在小群里说你溜须拍马；你潜水不说话，又有人说你就是个好捏的柿子；你和别人玩在一起吧，还有人说你抱圈子搞派系斗争；退群吧，他们更是各种揪着你的小辫子说你不合群、搞独立。"

用那小姑娘的话说就是，好好的一个办公室搞得和清宫剧一样，该做事的心思全拿来内斗。这样的环境哪里还有心思上班啊！

知乎上有一位答主关于"该不该辞职"是这样回答的，判断该不该辞职一个最靠谱的依据是，这份工作对你来说是消耗还是积累。

一份工作如果只是在消耗你的专业能力、人脉和商脉资源，以及幸福感和身体健康，你在这个公司完完全全是一个被消耗者，却得不到任何成长，那么，赶紧离开。

反之，一份工作如果对提升你的专业能力、人脉和商脉资源有利，不过分损害身体健康，并且可以提升你的幸福感，那么就选择留下来。

当然，世界上哪有那么完全让人满意的工作。所以，最重要的一点往往是专业能力的提升和资源的积累。

如果你所在的团队成天乌烟瘴气、缺乏良好的工作环境，致使你学不到新的东西；如果你的公司在这个工作岗位上，只配置给你一名员工，致使你缺乏交流；如果你只是在日复一日、枯燥无味地重复劳动，致使你没时间思考，裹足不前；如果你的同事、领导根本不配合你的工作，致使你做不出成绩；如果你的公司影响力太小，使得你接触不到更广阔的人脉和商脉资源，缺少对外合作的机会。那么，这家公司就是在消耗你，而无法可持续地提升你的职场身价。

这也是应届毕业生尽量不要选择创业公司的原因，尤其是刚起步的创业公司。因为这样的创业公司大部分时候充当的其实就是消耗你的角色，它需要你直接上手，并且全部贡献出你的专业能力和资源，而比较难带给你积累。

2014年，新东方执行总裁陈向东从新东方辞职后，接受记者采访时被问到一个问题："你才43岁，应该是往上拼最好的时候，为什么选择在这个时候离开？"

陈向东的回答是："所以在最好的时候离开呀，难道要不好的时候才离开吗？"

在最好的时候，你拥有可以更高远的眼界和视野，更具实力的议价权；而最不好的时候，你不过是人才市场里一只毫无反抗之力的待宰羔羊。

每一个人离开当前的职场环境总有自己的理由，这当然无可厚非，毕竟每个人都拥有选择更好、更优秀的下家的本能和权利，但这并不是我们随意跳槽的借口。

趁着年轻，能多积累知识就多去积累知识，能多提升自己就多去提升自己，能多认识优秀者就多去认识他们。

其实离职的理由还有很多，每一段职场旅途都面临离开的时候，但请你记住：在你职场生涯状态最好的时候离开，而不是在你混不下去或一败涂地的时候离开。

Chapter 4

第四章

情感预期
强化情绪管理,完善自我

为什么总有些习惯性反驳别人的人？

在工作中,经常会遇到这样一类人。不管你和他说什么,他往往不是倾听和理解,而是下意识地反驳你。

有时候,那些经常急着反驳别人的人,他们只是习惯性地反驳而已,并不是你说的内容有问题,而是在他们看来如何把你说服才是最大的问题。至于说得对不对、合不合理、对现状是否有改进,根本不在他们的考虑范围之内。

说到底,那些习惯性反驳的人,不过是用言语上的投机取巧掩盖行动上的懒惰和思维上的不思进取而已。

1
习惯性反驳,才是最大的思维偏见

吴军在新书《格局》中讲过一个特别有意思的故事:有一次,吴军在Google路过一个办公区,听到总监戴维在批评员工强纳森。起因是这样的,强纳森的办公桌是一个开放区域,他平时说话嗓门很大,对周围同事造成了干扰,于是同事把这事反映给了戴维。

戴维说:"你以后说话轻一点儿,不要影响别人。"

强纳森说:"我前几天听你讲话嗓门也很高。"

强纳森这是在强词夺理,但如果戴维讲:"我的嗓门哪儿高了,不信你问问其他人。"

那这个谈话就进行不下去了,戴维并没有这样,而是说:"你提醒得很好,如果下次你发现我讲话嗓门高了,请给我指出来,我一定注意。但是今天你的嗓门确实高了,这件事和别人无关,请你注意。"

强纳森无话可说,就这样接受了批评,后来吴军在书中总结道:"跟美国人打交道多了,我发现他们的逻辑跟我们不一样。他们喜欢就事论事,而不喜欢用人之短,护己之短。"

习惯性反驳的人,常常在沟通中囿于一种思维偏见。这样的偏见让他们非常容易陷入狭隘的认知、失控的情绪中,说来说去永远只有一句话:你们凭什么只针对我?

曾经就遇到过这样一位同事,因为一个非常明显的错误,我在会议结束后私信告知了她,但在微信沟通中我明显发现她在为自己的失误辨驳:"这个错误你们领导之前也犯过,你怎么不说他?""以后等你接这个项目我看你会怎样。""别人都不说,就你看到了,就你有能耐。"

那些习惯性反驳的人,最善于干的一件事就是用人之短、护己之短。自己本来犯了错,却从别人身上找原因,以此来掩盖或推脱自己的过错。

钱钟书先生说:"偏见可以说是思想的放假。"一旦人的言论和想法全是偏见的时候，可想而知他的思维有多么不正常。习惯性反驳的言论之下，不过是说话者不想正视自身错误和逃避责任而已。

2
一个人的格局有多大，要看他如何面对反对意见

易到用车创始人周航在《重新理解创业》这本书中，提到过一段关于创业者的故事：有些创业者太喜欢示强，喜欢挥舞着"花翅膀"天天在各种论坛上活跃，让别人看到自己有多么厉害、多么好、多么强。

他们好像都能预知未来，大谈自己过去做得多么好，对未来多有远见，前程多么远大。但是一旦遇到和自己意见不合的声音，很多人不是耐心地去倾听，而是想着法子去找对方的漏洞，去揭对方的短处。

一个人的格局有多大，要看他如何面对错误。

余世维说，世界上只有两种人：一种是不停地辩解；一种是努力地表现。

刚刚进入职场的那段时间，我也曾经很喜欢用反驳别人的方式，来为自己的错误、过失开脱，甚至有时候明明知道是自己不对，也会随便扯个理由怼回去。最重要的是压根儿不改，说完之后还是老样子，时间久了愿意和我搭档的同事越来越少。

后来遇到了一位领导，他和我说："像你这样的情况，要么不

停找理由，证明自己没有错。要么就主动示弱，承担责任，找到更好解决问题的办法。"

当然，拼命找理由和借口反驳的一类人，自然是原地踏步没有进步；而敢于承认错误的人，一般情况下都是敢于担当的人，这样的人没有人不愿意和他们做朋友。

就像职场中有不少领导很难主动承认自己的错误，因为他们时刻想要保持权威，他们认为如果他们放弃权威，就会失去职场关系中的控制权。但事实恰恰相反，当领导主动向员工承认错误的时候，他们正在向员工传达一个信息，那就是他们能够认清和弥补自己的错误。

领导的权威性来自员工的信任和尊重，而不是权力和控制。我发现很多优秀的领导很善于利用反对意见，他们总是说："这个问题，如果让你来解决，你会怎么做？"

主动接受反对意见借机示弱，并不会让你低人一等，反而更能彰显一个人的格局和态度。

如果一个职场人开始选择对不同意见采取打压或逃避的态度，最后的结局无非是：要么是他被问题解决了，要么是问题被更厉害的人解决了。

3
接纳不同的状态，在不确定中迎接未来

很多时候，你不得不承认，成年人的反驳更多的是不愿意承认

自己的过错。但是承认过错，事情就结束了吗？

并不是。与此相反的是，经常把"都是我的错""下次不会了""我改还不行"这些话挂在嘴边的人，也未必就真的会改。

这就好比一个经常迟到的员工，拍着胸口和老板说下次我绝不迟到是一个道理。

没有解决问题的反驳，只是一场不负责任的自我开脱。那么，如何改掉这个"习惯性反驳"的坏习惯？不妨先思考这个问题：当别人提出一个你无法反驳的问题时，你该如何回答？

在即兴戏剧里面有一个最基础的原则，是即兴戏剧大师凯斯·乔斯通提出来的。他说，在即兴戏剧的表演全过程当中，有一个词是绝对不能说的，那就是"No"。

永远不要说"No"，而是顺着别人把话说下去，所以他用"Yes，and"代替了这个"No"。这句话的另一种解读就是：每一个人都把自己的创造性放进去，推动情节的发展，永远不要成为另外一个人创造力和想象力的阻碍。

面对别人的质问和反驳，能够顺着对方的问题继续说下去，是不是看上去很难？

假设这样一个场景，你本来要在今天中午给老板交一份报告。你提前一天就交代给实习生打印和装订报告，结果实习生误解了，晚了几个小时才交上去。在这件事上，尽管你按照流程做，但老板才不管是不是实习生的责任，他看到的事实就是让你交报告，你交晚了。

是不是很冤枉？是不是该解释一下？是不是该怼回去？

当然可以，但其实还有更合适的做法。你可以先承认："报告交晚了是我的责任。"然后表示："我会建立更完善的流程和机制，确保下一次不会出现这样的情况。"最后总结："以后我会和其他同事沟通好，尽量不让其他人犯这样的错误。"

是不是换个角度，思路反而更开阔了？

很多人之所以如此反驳别人的批评，不过是不敢面对未知状态下的不同结果，他们甚至更害怕在这样的结果里，藏着他们搞不定的突发状况。

既然如此，索性一驳了之："我不知道、不太清楚、这事不归我管。"拒绝反而是最容易的，难就难在接纳不同的状态，在不确定的局面中迎接未来。

在成人的世界里，人们永远选择一种高效而低成本的方式来过渡一切，这里面就包括沟通，但一味地反驳并不能代替沟通，反而会让整个流程变得更加复杂和低效。

既然如此，为什么不给别人和自己一个机会：让对方指出你的不足和错误，然后自己去努力改正和调整？

抓住工作重点，才是真正重要的事

以前面试过一个小伙子，简历写得非常亮眼，名校毕业、大厂实习经历、掌握各种技能，平时也喜欢自我提升，然而到了陈述往期案例时，却支支吾吾的，讲不出具体的数据和节点性信息。

再一问，对方说自己做的工作有很多，不仅做运营，还有对接产品，甚至设计的内容也需要跟进。看起来忙得很充实，其实一天的黄金工作时间很容易被耗散，回到家打开电脑做总结时，半天都想不起来今天做了什么。也就是说，他可能真的很努力地在做好工作，但表现出来的结果却往往不尽如人意。

我除了安慰他一句"你真的很努力了"，其他的无话可说。然而，在他的身上，我看到了无数个职场人忙忙碌碌却毫无收获的原因之一：终日奔忙，却总找不到工作的重点。

1
比"抖机灵"更值得做的，是做真正正确的事

管理学大师彼得·德鲁克有一个经典的观点："效率是以正确的方式做事，而效能则是做正确的事。"

一般老板无非希望员工安心听话，是一颗让做什么就做什么的螺丝钉。但真正善于发掘和培养人才的领导，则不满足于员工"正确地做事"，而是懂得如何"做正确的事"。

我在深圳一家互联网公司上班的时候，有一次主动和领导谈加薪，对方也是爽快人，就问了我一句话："那你说说最近的工作都做了什么，有什么值得加薪的地方？"

我如实回答了，诸如"公众号内容调整""报表反馈""工作计划"等看起来常规且没有任何实质性的数据做参考的内容。

微信对话框里当时就弹出来一行话："你觉得你写的这些内容，有哪一项是实习生干不了的？"

后来我也反思过，自己并没有针对当前的项目做一个中长期规划，而总是走一步、看一步：今天配合商务部门出一个广告推文；明天配合活动部门策划一个宣传H5；后天配合行政部门写一篇公文。看起来火力全开、精神满满，实则没有一项工作是在为自己的晋升积淀成功案例。没有长期规划，时间长了很容易就变成了公司的救火员，每天像陀螺一样没有灵魂地周旋在各个部门之间，不仅浪费了时间，而且根本没有找到工作的重点。

那天晚上下班前，领导还意味深长地在微信里和我说："你要把工作重点放在处理长期规划的事项中，而不是用来处理短期的上级派给你的任务，更不是各种突发事件。职场的黄金时段就这么几年，如果你不愿意就这么混日子的话，多为以后想想。"

有时候，职场上的诱惑和迷局常常让我们忘记如何抉择。那些看似华丽的title，那些花钱买来的数据，那些美化简历用的案例，让你费尽了周身的气力去追求。但这并不是你需要去关注和考虑的，你最该考虑的是：当你接到一个新任务，或者到达一个新岗位时，你首先考虑和处理的是什么事？

是自己熟悉的事，擅长的事，喜欢的事，容易的事，安排好的事，还是能让你长脸的事？

都不是，而是公司认为的重要的事。

2
抓住重点，才说明一个职场人能够成熟地思考问题

相信你也了解，领导们一般都很忙。不是在开会，就是在准备开会。他们布置任务，也常常会犯自以为是的错误。这个时候，聪明的职场人往往不会全盘照搬、照抄领导的意思，而是会抓住重点、问清细节。

曾经看过一段对话，一个领导是这么吩咐两位下属的："小李，明天会从外地来两位客人，我明晚才回来，你中午帮我招待一下。"

一位下属迫不及待地回答："好的！您放心，我一定招待好。"但是另一个下属则会确认一些关键的细节，会多问几句："他们几点到？是选择什么交通工具？要不要安排车去接？中午招待的预算是多少？要不要安排其他同事随行？"甚至还会问，"有哪些不方便说的话，或者一定要和他们说的事？"

每个人对"招待好"的理解各不相同，有的人理解的可能就是吃好、喝好、玩好就行；而有可能上级所谓的"招待好"，是要给客人一个好的第一印象，以及良好的观感和体验。

不分清重点，不确认细节，很容易发生误会，而且还容易做无用功。

在职场上有一个经典案例叫作"电梯测验"。你总结的方案或者需要汇报的内容，要能够在电梯运行的30秒之内向客户或者上司解释清楚。

其实我们经常遇到一个问题，就是整个团队花了大量时间，精心准备了一个甚至几个备选方案，希望老板或者客户耐心听完。但实际情况往往是，对方很匆忙地走进来，说有其他重要的事情要处理，能不能一起下楼，在电梯里简单地说一下。

这时候大部分人的第一反应都是，我准备了几十页的PPT，怎么可能在这么短的时间里完美地呈现给对方呢？但事实上，只要你对你所要讲述的内容足够了解，30秒陈述是足够的。而且，如果你真的能够在30秒内把自己的方案讲清楚，对方也会对你刮目相看，成功的概率也会更高。

但你需要注意3个关键点：

（1）需要对方案的重点、卖点和特色烂熟于心，还要整理出一条清晰的表达脉络。

（2）语言表达要简洁，让任何一个听你说话的人都不需要解释，马上就能理解你的意思。

（3）重点要突出，从你要解决的这个问题着手，其他一些需要解释的资料，可以私下沟通。

职场上的事，有时候多得超出你的想象，如果经常是芝麻与西瓜一起抓，找不到重点，最后的结果只能是每天被任务逼着走。而真正的高手选择抓大放小，抓住真正的重点，永远比盲目的全面勤奋要高明得多。

3
找不到工作重点，为什么不先解决这3个问题？

当我们了解了什么是"做正确的事"之后，接下来看看如何"正确地做事"？

"正确地做事"也就是高效地开展工作。关于这一点，很多人的解释已经非常清楚了，我在此分享自己的3个小诀窍，分别是：不要过度创新；尝试局部改进；学会及时复盘。

（1）**不要过度创新**

"不要过度创新"，这一点针对的主要是常规性的工作。这是说，你要相信，在职场上，你遇到的大部分问题，都是已经有了现成的解决方法或者工具的，没必要浪费时间去强调创新。

我以前就常常听老领导说："现在的年轻人，总想一炮搞个大动静，其实没那么多创新可以搞，每天把手头的事做到极致就很不容易了。"

这句话给我的启发就是：迅速找到那个现成的方法或者工具，把你手头的工作快速地完成并做好；而不是凭一己之力，或者自己的一厢情愿去做事。

（2）尝试局部改进

"尝试局部改进"，这一点针对的是项目性工作，是指工作中当你在做重复的事情时，试着用不同的方法去做，找到更好的办法。

之前在某职场类App上看到一个管理人员留言，说自己负责商务渠道开拓，兢兢业业干了两年，忠诚度可嘉。但是她说自己感觉审美疲劳了，想晋升到管理岗位去。她和领导沟通后，领导却将她晾在原地，让她好好想几天再做决定。

有一位网友是这样评论的："你这两年的时间，有没有尝试过开拓更多的销售渠道，有没有用过新的人脉更快地完成销售指标，有没有提出过更好的流程改进建议，有没有减少过销售管理费用的开支等。

"如果没有，最多只是把这个工作原地重复了两年，而且，为了让你成为管理者，意味着将来还要多招一两个新人来接手你的业务。老板也不是傻子，你觉得他会这样做吗？"

这就等于企业在利润没有明显提高的同时，增加了近两倍的管理成本，这显然是一个没有抓住重点领域发展的结果。

（3）学会及时复盘

以前的领导经常会让我们养成及时复盘的习惯，每一次活动结束之后，都会与团队一起复盘。

你可以问自己：

我这一次做得好的地方有哪些？请举出3个自己的长处。

这一次还可以改进的地方有哪些？请举出2个短处。

这种复盘法有人称为"三长两短法"。

之所以长处要多于短处，是让团队和你自己不被一时的困难吓倒，扬长避短，而不过多地被自己的短板牵扯精力、打击士气。如果你经常做总结，你就会找到应对的套路。

以前经常听领导说："职场的事是做不完的，比做事更重要的是怎么高效做事？"不总结、不复盘的人，很容易陷入"吃一堑，不长一智"的尴尬局面中。而善于及时复盘的你，就相当于多了很多次重来的机会。

李笑来在《通往财富自由之路》中写道："所谓成功，就是解答题高手做对了选择题。"

我们的职场生涯看起来很漫长，但最重要的不过是对几个关键性节点时期的选择而已。选择真正重要且值得你去做的事情，而不是把时间浪费在那些看起来收获满满，实则毫无成长的地方。

请选择好方向，调整好频率，从容出发。

有热情，不等于能坚持

写这篇文章之前，我先分享一个关于写作的小故事。

很早以前我加入了一个写作训练营，那时我不过是一个名不见经传的写作新人，没什么名气，更不要说写出什么有名气的文章。群里大部分都是这样的新人，于是，我只是在群里默默地潜水，一边学习，一边练习。

其间，也有一些小伙伴无时无刻不在表现着他们对写作的热情，今天往群里分享一篇文章，明天在群里立日更目标，后天还给别人的作品留言、点赞，看起来永远是满怀激情的样子。然而，3个月后最早退群的也是他们那一批人，其中有一个人是我的微信好友，我忍不住好奇，发私信问他："怎么写得好好的，突然就退群了？"

手机屏幕那头的他飞快地回了一句："热情被耗光了，结果发现写的东西没人看，也变现不了。我发现我不是这块料，不像你能安安心心坐下来写上一整晚。"我沉默良久，最后还是把那句劝他的话在对话框里删掉了。

我有在朋友圈健身打卡的习惯，这样的习惯常常让很多人误以为我很热爱健身。其实相比于热爱，我更常用习惯来代替对一份事物的热情。也就是说，很多事能坚持下去，靠的都不是如火如荼的热情，而是一种近乎默然的坚持和习惯。

这也是我今天要讲的主题：为什么太热情的人，做事都难以坚持到最后？

1
热情是一种间断的状态，而习惯是一种持续的行动

张泉灵曾经在她的文章中，讲过一个她助理的故事。

她交给助理一个工作任务，就是每天收集一些行业信息和动态，发到工作群里。姑娘挺勤奋，马上开始挑选收集信息，行业动态第二天就出现在了工作群里。大家纷纷为之点赞，姑娘也很开心。

当然，有些事情习惯了就没有那么高的热情了。过了几天，发在工作群里的行业动态日报成了惯例，扔下来水花都没有溅起一个。于是，行业动态也开始有一搭没一搭。关键是没一搭的时候，也没人有异议。

又过了几天，姑娘最开始的满腔激情慢慢地变成了脸上明显可见的不耐烦。于是，张泉灵召集大家开了个会，分享了她自己是怎么看待助理这个工作任务的：助理可以做成打杂的，也可以做成全公司的资源拥有者，就看自己怎么想。

先来说说行业动态日报吧。其实，这是一个要求相当高的工

作。从哪里收集？为什么是这几条？为什么觉得这几条代表了行业趋势？要想做好，其实要求有行业的敏感度和判断力。

比如一条A公司收购B公司的日报里，涉及了收购案的标的、价格、业务、时机。不管别人看不看，自己坚持每天做，一定会比大多数人看得多，对行业的理解也会更深刻。

既然要做行业动态，肯定要接触大量的科技和投资圈媒体。在每天摘编的过程中，有没有尝试判断它们的价值？有没有试图和有影响力的媒体建立联系？有没有试图寻找那些质量不错且用户偏少的媒体，认识他们的编辑？

她的话说完，办公室里鸦雀无声，因为能和她一样想到这一步的人寥寥无几。

热情是一种间断的状态，而习惯是一种持续的行动。有时候，做事只靠热情可能走不了多远，因为你无法靠热情去抵御工作中细碎的烦琐，也不能用热情去度过事业上的瓶颈期。与之相对应的是，扎根到表面之下的沉淀和长久坚持，反而更能赋予别人一种靠谱的信任感。

这样的沉淀和坚持，才会让你对整个行业和工作有一个更清楚、更全面的认识和掌控。那种靠热情去工作的人，有时候更像情场中见到一个漂亮女生就上去撩的男生，得不到就立刻换人，毕竟热情总有被现实耗光的那一刻。

所以，喜欢一个人，可以靠热情去讨好、去迁就、去挖空心思讨对方欢心；而真正爱一个人，是愿意将上述所有的动作变成习惯，长久坚持，至死不渝。

有热情很好，但是凡事只有三分钟热度的人基本撑不到终点。这也是职场中，看起来热情满满的人往往最快放弃，而那些默默无闻的人却能坚持到最后的原因。

2
连自我认可都做不到，还谈什么热情？

前段时间我在微信朋友圈发了一个提问："健身靠的是热情还是习惯？"

很多朋友都在评论区写出自己的答案，我看到这几个词出现的频率最高——"热情""习惯""爱好"。

其中一个女生说："前期靠热情，久而久之养成了习惯。前期习惯难以养成，只能依靠对健身的热情去参与，培养一种习惯也是从热情开始，对一件事产生兴趣、产生期待、产生追求。通过不停地尝试、探索以及挑战，越发觉得是一件有意义的事。于是乎，渐渐地养成了一种习惯。"

然而，在现实生活中，很少有人像这位姑娘一样能如此理性地区分热情和习惯，更多的是自以为是的坚持和执着。

曾经有位朋友问我为什么对健身抱有如此大的热情，我想用一个小故事来代替我的回答：星巴克的创始人霍华德曾经说，他对咖啡不感兴趣，感兴趣的是在家和工作之外再给人第三个适合停留的地方。

Zappos的创始人谢家华说，他对鞋不感兴趣，他对提供最好的客户服务感兴趣，他们不是寄鞋，而是投递幸福。

对这些人来说，什么叫热情。热情就是你的核心自我认同感。因为你始终觉得，你的事情是值得你去坚持、去投入、去all in的地方。

万维钢老师曾经讲到自己的学生，一个辛苦搞科研的理科生，说自己是个"科研狗"。他认为这本质上就是没有自我认同的表现，所以才会用否定的表达进行自我否定。

他在文章中说，他搞科研的时候再累也不说自己是"狗"，反而觉得自己是一位伟大的科学家。但凡看过那些TED演讲，你就会发现，很多人一站就是两小时，一次演讲下来全是满满的激情和亢奋，丝毫不见任何疲软之态，而台下的观众也很容易被他们的正向情绪所感染。

一个年轻女性因为小时候发生了交通事故而失去双腿，安装了义肢，后来靠着义肢成了运动员。她说："我从来不认为我有残疾，反而认为我是多了一个超能力。我能根据自己的喜好像换衣服一样换脚，你们能吗？"

一个参与扶贫和环保的志愿者说："你别以为我整天跟苦难打交道很难受，其实我的工作不是扶贫和环保，而是给人以希望。"你会发现，那些真正理解自己行为初衷的人反而能走得更远，相比于热情，他们更懂得找到更值得追求的目标。

我的一个写作营学员曾经问我："我怎么样才能像你一样写出名气来？"我反问他要名气做什么？

他好像没想过这个问题，沉默了很久才和我说："因为有名气之后就可以变现啊。"

"那你是否能忍耐3—5年，甚至更长久的时间里，没有名气、没有钱的状态？你是否又想清楚了真正愿意写作的初衷是什么？如果不能坚持，或者根本没有想，那劝你还是不要写了。"

凡事都需要热情，但并不是不可持续的热情，而且这种热情并不仅仅是一个态度，它必须来自一个升华了的精神、一种更高层次的追求。就像你可以将变现作为一个写作的目标，但是这不应该是唯一的目标。

每个人都有自己的内在驱动力，所以我们如果真的想做好一件事，要做的是多想想做这件事的初衷，而不是做好这件事的结果。

如果初衷都不正确，何谈最终能出现喜人的结果？

3
怎样才能获得长久的热情？

《徒手攀岩》这部纪录片获得了2019年的奥斯卡最佳纪录长片奖。先简单介绍一下这部片子。

《徒手攀岩》记录的是一位叫作Alex的职业攀岩运动员徒手爬上一座悬崖的过程。那座悬崖叫作酋长岩，在美国的优山美地国家公园。这块岩石，是地球表面上最大的一块单体花岗岩，高914米，比世界上最高的建筑——迪拜的哈利法塔还要高。

纪录片里有一个镜头，Alex攀岩时像蚂蚁一样渺小。最可怕的是全程没有任何防护措施，徒手完成了攀岩过程。

那么，你可能会说了：这么高的地方，掉下去分分钟会粉身碎骨的。但是在纪录片中，Alex说了一句话："风险和后果是两回事。徒手攀岩的风险很低，只是后果很严重。"

也就是说，从某种程度上而言，徒手攀岩的风险是可控的，而且可以控制到很低的程度。

那么如何控制这个风险？很简单，多练习就好。

很多人会说这就是一句无用的"鸡汤"，那我们来看看主人公是怎么做的：为了完成这次攀岩，他做了8年的准备。在这8年的时间里，Alex在不同的条件下练习攀岩。单是酋长岩，他就带着绳子爬过将近60次，一遍一遍地考察路线。每次攀岩回来，第一件事就是记笔记。

岩石上，哪个地方有一个微小的凸起可以借力，哪个地方手和脚应该怎么配合，Alex都倒背如流。

8年的时间只准备一件事情，又有多少人能做到？

这部纪录片介绍说，Alex每天不是住在房子里，而是住在一辆拖车里，吃饭、睡觉都在车里。只为了靠近悬崖峭壁，便于训练。他在攀岩以外，主要的时间就是在拖车里练习引体向上。不是用手掌，而是用手指吊起全身的重量，一吊就是一小时。

这么做除了是为了训练自己的身体外，还是为了调整自己的情绪，要建立百分之百的控制感，让自己的身体和情绪不受任何干扰和影响。

我前段时间看了连岳先生的一篇文章，他说名将的诞生，需要一次著名的战役。但在这次战役之前，他一直在做准备。出色的体能、顽强的意志、过人的眼光，都等着捕捉战役的胜利。

有人看了太多光鲜的成功案例，反而总觉得人生的积累和自持毫无意义。可是，绝大多数普通人鲜有机会成为大名将，即那种受全世界关注，也影响全世界的人。但我向来认为应当做好一件看似简单的事情，就像连岳先生说的那样，任何一件简单的工作，做好都不简单；像上文中的Alex能坚持八年如一日为攀岩做准备，将每一次下脚的地方熟记在心，将自己的情绪和身体调整到不受任何干扰和影响的程度。

他们的成功，靠的早已不是热情了，更多的是看似一日又一日近似无趣的坚持而已。

连岳先生在文章中写到，似乎人人能做的简单工作，你做得别人都赢不了，就说明你这个人不简单。

不要嫌弃手头的工作，不要指望偷懒，却有个重要的战役让你赢，你养成的逃避习惯只会让你永远成为逃兵。这个世界上有很多人都想要伟大的胜利，而我只想平淡无奇地赢下去。这才是为什么有人能坚持到最后、有人却半途而废的根本原因。

靠热情你只能骗过情绪，靠坚持才能赢得时间。

4
成功＝思维模式×热情×能力

稻盛和夫曾经讲过一个著名的成功方程式：成功＝思维模式×热情×能力。

"思维模式"：一旦思维模式出了问题，比如它是一个负值，那么你的能力越大、热情越高，可能最后的结果越是灾难性的。

比如在很多影视作品中，反派人物能力越大，反而对世界的破坏越大。因为他们就本质而言，对世界的理解产生了偏差。

"热情"：我们的热情有高有低，当热情特别高的时候，它能驱动你去找到一个问题的答案，尽管你事先可能根本不知道这个答案，并且事后都觉得奇怪——我怎么想到的这种方法——但最重要的原因是：强烈的激情、热情、爱，成为一种巨大的能量，驱使你去找到那个方法。

如果我们把"思维方式"比喻成一辆车，热情就是这辆车的能源。没有加油或充电，再好的车也没法驱动。

"能力"：我们的智商、逻辑推理能力也很重要，没有把事情做好的能力、解决问题的能力，梦想最终也不过是梦想而已。

美国联邦储备委员会前主席格林斯潘曾经在讨论资本市场的波动时，无奈地承认："只有泡沫破灭了，我们才知道它是泡沫。"只有当撩人的热情散去，长久坚持下去的人才能取得伟大的胜利。

最后，请你记住，有时候爱并不火热，细水长流的温存或许更迷人。

不要总想着改变他人的想法

很多年之前，我刚刚进入职场的时候，遇到一位领导。这个领导白手起家，在深圳打拼多年，事业有成，很有能力，资源也多。我在他的手下也学到了很多东西，但过程也非常惨烈，甚至是非常痛苦的。因为他确实对下属很严格，甚至到了骂哭下属的地步。他最常挂在嘴边的话就是："你要这样做！""你怎么不那样做？""为什么你要这样做？"

当然，最后我们的工作完全变成了毫无灵魂的搬砖，因为他的控制欲太强了，虽然大家表面上都很顺从，但是时间久了，大家的心态渐渐都变了："反正你是老板，你说什么就是什么，按你的意思来就行了。"

不断想改变他人的想法，是一种胜负欲作祟的表现。但恰恰也是这样的行为，很多时候会伤害到别人，包括你的同事、朋友和亲人。

1
不断想改变他人的想法，是对对方最大的不尊重

后来，当我自己开始在职场上带新人的时候，发现自己也在重复着当年领导的行为。

有一次，公司给我安排了一个1998年生的应届生做搭档，我也在很多次的沟通中，直接否定了他的想法和行为。那时候在我看来，我不过是为他好。但后来我也觉得这种所谓的"为你好"，恰恰是给自己开脱的托词。

但凡你细心一点儿，就会发现职场上确实有这么一类人：很喜欢以自己的想法为标准，甚至把自己的标准当成绝对正确的标准。这种"我不要你觉得，我要我觉得"的霸道总裁风格，虽然看起来很有震慑力，但绝对算不上是一个好领导，更不用说得到下面员工打心底的佩服了，别人最多是尊敬领导和为了拿薪水而已。

在我的历任领导中，这种霸道总裁式的领导最明显的特征是：喜欢用自己的想法来否定别人的想法。

而这样的特征，最终演变成让人难受的行为和言论：你辛辛苦苦做出来的方案，别人随便找个理由就把你打发了；你之前99%的付出他看不见，唯独揪着1%的瑕疵猛烈批评；你做的任何事情在对方看来，都不对、不行、不标准、不合格。

然后抛出自己的想法向你兜售，那种高高在上的"我说的都对"的行为，无疑最让那些真正付出努力的人，消耗掉最后一丝热

情和自信。

如果你在上一家企业中的工作并没有什么问题，而在当下的面试中被不断否定，甚至不断被质疑。那么，你需要明白，每个企业都有自己的工作衡量标准，不一定是你的工作态度和质量不行。也恰是这种不断想改变他人想法的行为，成为这种领导彰显权威感的必要手段。

剑桥大学导师艾克哈特·托利在《当下的力量》中写过："可以清晰并坚定地说出自己的想法，但是不用攻击和防卫。"

我想，好的沟通大抵如此——陈述事实的过程和结果，而不是断地改变别人的想法，甚至用身份、权力、地位上的差距去攻击对方。这样带着伤害的沟通，才是对对方最大的不尊重。

2
凡事只问对错的沟通，是最无效的沟通

在《蔡康永的说话之道》一书中，蔡康永讲了一个职场故事：一个一流大学毕业的高才生，满腹经纶、辩才纵横。每次部门开会，上司问到他的意见，他都侃侃而谈，很有想法，上司们也很欣赏。

但大家都不喜欢他，工作上需要协调的时候，别的部门的人很少愿意配合他，同部门的人也不太愿意与他冲锋陷阵。

他其实很优秀，但他喜欢在智商、口才、能力上打压别人。当他和别人意见不同的时候，总是把对方说得哑口无言。口头上吃过亏的人，都盼着他出洋相。

高智商、口才好的职场人，我确实也见过不少，但最后拍板的常常是那个不怎么说话的领导。

吴军博士曾经在《格局》中提出一个"带宽效应"：人的思维能量是有一定容量的，就像水流一样，一个水管的粗细决定流水的宽度。有的人可以通过后天的训练拓宽这个带宽的宽度，但是无论是谁，带宽的宽度都是有限的。

当思维被某一件事占据的时候，就会出现满脑子都是这件事的情况。同理，凡事只知道问对错的人，最终很难再把宝贵的注意力用以自我提升和向上精进，而且到最后问题本身并没有得到解决。因为在他们的眼里只有事情的对错，而无事情的结果，一旦迷失在这个方向之中，时间和精力就会被大量地浪费，甚至会受到不良的影响。

我就曾经遇到过这样的领导，很喜欢揪着下属的对错不放，而不是说明事实：

领导："你说，这件事你是不是做错了？"

下属："领导，可是这事我做好了啊？！"

领导："结果虽然是做好了，但是过程错了。"

下属："那请问职场中到底是以结果为准，还是过程？"

凡事只问对错的人，眼里看到的永远是别人的错，而这样的行为很容易让自己陷入"对错论"的狭隘中不能自拔，最后演变成在无效的沟通里越陷越深。甚至有时候只看得到别人的缺点，而假装看不见对方的优点。

陈铭曾经就"对错论"提出过自己的看法:"我始终认为能不能应对不好的问题,是由一个人的心态决定的,而不是纠结于对错本身。"

如果你把注意力聚焦到糟糕的一面,糟糕就成了全部,你也会随之阴暗下去。但哪怕只有1%的事是光明的,盯着这1%,你也会开朗起来。其实很多事并没有对错之分,只不过是看法不同而已。

总有人问,好的职场沟通到底是什么样的?

有人可能会回答是三观相合。

三观固然重要,但比三观相合更重要的,是不争对错。杨绛先生在《我们仨》里记录过一则小事:

> 我和钟书在出国的轮船上曾吵过一架,原因只为一个法文的读音。我说他的口音带乡音,他不服,说了许多伤感情的话,我也尽力伤他。然后我请同船一位能说英语的法国人公断。她说我对,他错。我虽然争赢了,却觉得无趣,很不开心。

与人相处总会有分歧,而总有人一定要争个对错、辩个高下,甚至是以此为乐、为荣,但他们可能都忘了:小孩子才分对错,成年人只看利弊。

其实，很多时候就是因为一些人将大量的时间浪费在争对错上，而让自己的视野渐渐变得局限、狭隘，最终渐渐走入一个死胡同。

记得以前在和甲方沟通的过程中，就接触了一个做法律出身的项目负责人，我发现对方身上的那种辩论队气质简直是工作过程中的噩梦。那种言语中高高在上的优越感，加上"我说的都对"的权威感，以及用非专业性的意见对我们的工作的各种点评和改动，给人一种十分不舒服的感觉。

在这个世界上，没有谁喜欢被质疑、被反对、被否定、被攻击。真正的沟通是建立在尊重别人的基础上，而不是不断改变别人的想法。

以前还遇到过一个做健身教练的朋友，她在和会员交流时非常有耐心，轻声细语，温柔备至，但是对她的男朋友却常常各种苛责和挑剔，总是不满意这个男生的种种行为。但是在我看来，这个男生做得已经很好了。

我观察到，她在沟通中很少有在意那个男生的情绪表现，哪怕是他的脸色已经很难看了，还是在不停地说、不停地说，最后大家不欢而散。

其实，无论是在职场上还是在生活中，有一个真相是亘古不变的：真正的沟通应该是谦逊而客观的，他们积极寻找共识、乐于承认自己的不足，而不是揪着别人的问题说三道四。

解决问题本身，远比通过争吵获得一场没有意义的输赢要重要得多。

谈钱，是婚姻中提升幸福感的重要途径

年轻时，总觉得有情饮水饱。后来才发现，没有面包谁都养不活。

爱情代表的是对情感的追求，面包代表的则是对物质的需求，面包和爱情如何选择，不仅是一个人生命题，更是世界难题。

不管怎么选，不要面包只要爱情的婚姻，注定难以长久。

1
不谈钱的婚姻，注定不幸福

每段婚姻都始于希望与梦想，但面临破灭的时候，尽管缘由各有不同，因为钱而分离的婚姻却不在少数。

戏曲《天仙配》中曾有一段唱词："寒窑虽破能避风雨，夫妻恩爱苦也甜。你我好比鸳鸯鸟，比翼双飞在人间。"

在很多年轻人看来，纯洁高尚的爱情应该是不问世事、不食五谷的浪漫故事。它是罗密欧与朱丽叶的缠绵悱恻，梁山伯与祝英台的双宿双飞，是董永与七仙女的同甘共苦。

很多人觉得，一谈钱婚姻不就俗气了吗？

不一定，因为很多人的婚姻往往是以爱情开头，却是以生活结尾。没有能够满足彼此的物质需求，再好的感情也多半如同空中楼阁。

记得以前在家里陪着母亲看电视剧《蜗居》，对于故事里的女主角海藻为了物质上的满足和自己心爱的男朋友小贝分开而感到不解，那个时候的我或许只看到了爱情里的琴棋书画，却没有经历生活中的柴米油盐。如果没有经历金钱的考验，谁又会明白什么才是"贫贱夫妻百事哀"？

以前看到一则因为钱财而离婚的新闻，张先生与妻子结婚十年，每个月工资6 000元上交给妻子，自己只留500元生活费。结果到2016年年底，张先生发现工资卡仅剩4 500元。

2017年5月，张先生提出离婚。双方在财产分配上的意见达不成一致，张先生一纸诉状将妻子告上法庭。2018年1月17日，法院开庭审理此案。张先生的代理律师调取了两人的银行流水，发现女方每次取款都是3万、5万等大金额。女方解释，这些钱全部用于孩子学习花费，并提供了部分花费凭证。

而法院通过审理查明，女方在孩子花费上，有一些不合理的花费，并且男方完全不知情，总计在10万元左右。女方在美容上的花费有8万元左右，其中5万元属于不合理消费，拿不出消费凭证，并且男方不知情，最后法院判决两人离婚。

无论是同情男方辛苦攒钱，还是指责女方非理性消费，最后终归落到一处：无法在金钱上取得共识的婚姻，终究无法走向最后的终点。

我们身边有太多平凡的家庭，都是夫妻双方共同工作赚钱，共同分担生活的压力，赡养老人、供养孩子、享受生活，精心经营着婚姻。

但当你发现有些人的婚姻已经无法维持正常的家庭生活，夫妻双方自然而然会因为与钱相关的任何一件鸡毛蒜皮的小事吵得不可开交，哪怕是出门下一顿馆子夫妻俩都能吵一回。

说到底，物质需求无法满足的婚姻，绝对谈不上是高尚的爱情。

2
谈钱，是夫妻对彼此最基本的尊重

在深圳的一次会议上，我认识了一位商业律师，言谈之余她说起曾经接手的一个案例：一对夫妻在年轻时都是白手起家，人到中年共同完成了家庭的原始积累和财务升级，但是最后却因为财务划分不清而导致双方对簿公堂。

我仍然记得那位律师的感叹："夫妻双方最后悔的不是没有签订婚前财产协议和证明，而是为了金钱利益伤害感情，甚至对几十年的夫妻情分都视而不见。"

很多人看到这里会觉得很痛心，彼此之间对于数十年的情感置若罔闻。夫妻在婚姻里说得最多的往往是"谈钱伤感情"，有的人甚至认为在感情面前谈钱就是"物质""拜金""势利眼"。

在日益紧张的夫妻关系中，我们到底要不要谈钱？谈钱会不会真的伤感情？

多伦多道明银行在2015—2016年，对1902位恋爱中的成年人进行了一个关于伴侣与金钱的追踪研究，这个研究或许会带给我们一些关于爱与金钱的客观视角。

这项研究发现，在亲密关系中"谈钱"对两个人的幸福指数确实有着巨大的影响。在所有参与者中，62%的人每周与伴侣至少谈一次钱，当然，年轻人比年老的人更适应这种方式。而那些更频繁"谈钱"的伴侣也有更高的幸福感——每周至少谈一次钱的伴侣中，78%都感到幸福。

而几个月才谈一次钱的伴侣中，感到幸福的只有50%。在讨论到关系中与金钱有关的错误时，排名第一的错误是"拖了太久没有谈钱，导致根本无法了解整个家庭的财务情况"。在发现对方的财务秘密后，年轻人中有20%的人会选择分手，其中信用卡欠款导致44%的人分手或终止约会。

这个研究结果与我们过去"谈钱伤感情"的观点相去甚远，若不谈钱，很难幸福。

在夫妻双方彼此结合成为一个新的家庭共同体之前，讨论和了解彼此的经济情况和能力，对今后的婚姻生活进行合理预判和设想，这个过程和婚前体检一样重要。

情感导师涂磊曾经在节目中说过，现实生活中大概有两种男人。第一种男人，他特别不喜欢女人跟自己谈钱。只要是谈钱就说对方很物质，他甚至会抱怨现在拜金的女生太多了，自己已经结不起婚了。但是当女生主动提出不要这些东西的时候，他又会说"这是应该的，你不是爱我的人吗，你爱我的人嫁给我就好了，干吗要在乎我的钱"。

第二种男人，他会主动跟女人谈钱。他觉得娶一个女人进门，房子、车、婚纱、戒指等就是应该给对方准备的，即便女人主动提出来，他也不会觉得过分，他觉得给一个女人好日子就是一个男人的责任。但是当一个女人主动提出不要的时候，他会非常感激，会觉得"我真有福气，我娶到了一个愿意跟我同甘共苦的女人。我应该好好地感谢她"。

我们无法评价哪种男人好，哪种男人不好，但这两种男人最大的区别就是，那种不喜欢女人跟自己谈钱的男人往往会觉得自己的付出是不容易的，对方不要也是理所当然的。而如果对方提出要求，那便是欲壑难填。

但第二种男人就不一样，他更多的是觉得，自己所做的一切都是为了准备一个幸福的家，给女人好日子，这是自己应该做的。

在任何时候，夫妻之间关于金钱观念的开诚布公，既可以让彼此了解对方的金钱观，也可以判断出对方对自己是否愿意付出，更可以对日后的婚姻幸福指数做一个参考评判。

3
婚姻里的底气，来源于经济的独立

电影《喜剧之王》中有一段经典对白特别让我感慨，尹天仇对着柳飘飘深情地说："不上班行不行？"

柳飘飘笑着说："不上班你养我啊？"

尹天仇想都没想就脱口而出："我养你啊！"

不知道有多少女人因为这句感人的情话而哭得稀里哗啦。然而，到了现实生活中"没有钱我养你"才是真正的尴尬。

当你一个人在家操持着全家人的吃喝拉撒，当你一个人在外为了几毛钱和小贩吵得不可开交，当你一个人面对着婚前阔绰、婚后拮据的巨大反差，你会发现没有钱的"我养你"才是婚姻里最毒的情话。

《南方周末》联合微信公众号"新氧"推出了一份《中国女性自信报告》，调查中显示和美国女性相比，中国女性不自信的三大因素分别是他人的负面评价、外貌和经济来源。

除此之外，在另一项调查中显示，美国女性经济收入与自信指数无明显相关性，而中国女性经济收入与自信则成正相关关系，越是经济收入高的女性，自信指数越高，而以个人年收入30万～50万元者为最。

数据往往冷静得让人无法靠近，但现实生活可以让人内心温暖，只不过这个前提是婚姻里的经济独立，而这才是你的婚姻里源源不断的从容与底气。

女性与生俱来就有一种不可磨灭的不安全感,物质的稳定和丰裕会让她们得到更多的自信和安全感,即便是名动沪港两地的张爱玲也是如此。胡兰成曾经这样评价张爱玲:"她认真地工作,从不占人便宜,人也休想占她的,要使她在稿费上头吃亏,用怎样高尚的话也打不动她。"

在很大程度上,很多人的婚姻都会因为经济的原因受到影响。如果你没有一份足够让自己心安的事业,哪怕是一份稳定的工作,一旦在感情上失去了存在感,在未来的生活中你将可能会面临无尽的灰暗,比如说你永远离不开别人的施舍。

而这一切的源头,只因在婚姻中你始终扮演着被施舍的角色,当你躺在婚姻的砧板之上,你绝对不知道操刀人哪天会对你下手。

4
夫妻之间如何优雅地打开"谈钱"的方式

婚姻中每个人对于花钱的态度和方式各有不同,就像有人非常喜欢花钱,一想到消费,他们的肾上腺素水平就猛然上升;也有人宁可把钱存在银行,不到迫不得已绝不动它。

不难发现,夫妻之间处理金钱关系各有不同,这是显而易见的,但问题是大多数人误以为别人和自己对待金钱的方式是一样的,或者认为只有自己的方式才是最好的。因此便产生了婚姻里的财务矛盾，而这样的矛盾直接威胁着婚姻的幸福感。

美国作家斯科特·帕尔默在其《谈钱不伤感情：影响夫妻关系的5种金钱人格》一书中，将夫妻划分为5种金钱人格：省钱王、消费狂、冒险家、求稳者、随性者。（每种金钱人格都具有各自的优势和问题，找出自己的金钱人格可以更好地帮助自己了解自我，这样你才能熟悉彼此的消费习惯，从而更好地规避那些财务危机）。

在我们了解和熟悉夫妻不同的消费习惯的基础上，作者关于夫妻之间如何讨论金钱话题和解决金钱危机提出了"END交流法则"，即评价（Evaluate）、需要（Need）、梦想（Dream）。

评价，即用讨论对话的方式来评价你们目前的财务状况，并且尽量把你们的谈话限制在两个最重要的财务问题上，也就是债务和存款。另外，在沟通中，你们需要了解目前的整体状况，需要查看这两个数字：一是你们现在有多少债务；二是你们现在有多少存款。

需要，经过关于金钱的评价之后，可以继续交流你们的金钱关系中"需要得到什么"，尤其是涉及金钱的时候。在这一阶段说出你的需要，会让你的配偶了解到你对于他的信任和重视。

梦想，在这个阶段，你们可以谈论短期梦想、个人梦想和家庭梦想。无论你的梦想是什么，一起探讨它们并开始为它们做计划。梦想未来的过程会让你们变得更亲密、更有同舟共济的感觉。

经济学中早有总结，经济基础决定上层建筑。"谈钱"让我们能够时时去审视在婚姻关系中的付出与得到，并且及时客观地了解家庭的财务情况，大大地增加了关系成功与幸福的可能性。不得不说的是，好的经济基础在很大程度上影响着婚姻的幸福感。

姜思达在其访谈节目中介绍了一位离婚律师，这位离婚律师打过分割财产超过2亿元的离婚案，也看到有夫妻为了2万元撕破脸。

"离婚可以，钻戒还我。""到了那一步，手纸都要分。"

厌恶婚姻、逃脱婚姻的声音越来越多，走入婚姻、拥抱婚姻的恋人也不会变少。

"婚姻的必要条件是满足。"律师的这句话让我印象非常深刻。婚姻无论进行到何种地步，物质和精神的满足永远不可短缺，这既是对当年婚礼现场郑重承诺的兑现，更是对几十年如一日的夫妻感情的尊重。

爱你的人，给你所有依然害怕给的不够；不爱你的人，怕你开口就多要哪怕一分一毫。

在传统式婚姻里，谈钱并不丢人，也并不伤感情，这是每个人对人生幸福诉求的合理表达；而毫无保障的承诺和不兑现的婚后表现，才是婚姻里最大的伤害，这才是我们在今天如此重视"在婚姻里谈钱"的原因。

谈钱并不伤感情，因为谈的是钱，看的却是人心。

Chapter 5

第五章

人际预期
精准把握人脉，互利共赢

懂得"向上管理",做成熟的职场人

谈及"向上管理",不少职场人都会觉得领导的事还是不管为妙,领导别来管我就行,还想着管理领导,是嫌职位太稳定,还是工作量不饱和?

某一段时间,我也有过类似的想法,但后来发现我还是太天真了。

从上周开始,公司部门关于App展示页面重新启动了一个设计需求,领导将这个需求交由我来和产品同事进行对接跟进。一开始我也没有太重视,以为只是画原型图、写需求文档那么简单,等到项目需求评审的那一天,几句话的工夫我就被领导问倒了:"做产品不要你以为,你要考虑实际情况。""这个设计需求你们在内部先讨论过没有?""我的时间很宝贵,我只关心结果是什么。"

很显然,这是一次注定要挨批评的评审会议,后来在反思问题的过程中我发现:很多时候,我们常常以为领导高高在上,从而忽略了他的存在,继而在工作方式和思维模式上和他有了差别,问题和差别自然而然地也就产生了。

真正的"向上管理",绝对不是所谓的溜须拍马,而是能与对方站在同一条战线上,拥有同一种视野,为他的目标和绩效而努力,只要做好这一点,你的价值不彰自现。

也是在这一次评审会议中,我才发现原来"向上管理"真的很有必要。

1
能证明你价值的人,都是值得被管理的对象

关于"向上管理",大部分职场人向来有一些误解,总觉得下属不该管理领导。古典曾在《超级个体》里讲过一个故事:某次他在香港应邀参加一个国际大公司的酒会,过了一会儿,他们的老板来了,会场里的中国人都是下意识地往后退,因为他们觉得老板是权威;很多外国人,即使是年轻人,却都下意识地往前凑,因为他们觉得老板是资源。

这一进一退,其实是两种不同的心态。把上司当成权威,先把自己降了一级,天天把"你们高管"挂在嘴边的人,其实心里本身就把自己定义成了"我们员工"。

大多数人历来觉得领导是权威,而"我们员工"不过是无名小卒,哪里够格去管理上司?

每个人对向上管理的理解都不同,也就出现了各自不同的态度,甚至在处理和领导的关系中出现各自不同的态度,比如以下3种:

(1)畏上心理。看到领导就想躲开,能少说一句话绝不多见一

次面。

（2）抱怨心理。看不起也并不认可领导，当面笑嘻嘻，背后抱怨又消极。

（3）争取心理。领导是能够帮助我的，所以选择相互信任、互相成就。

不同的理解造就不同的态度，继而最终决定各自走向不同的结局。

关于"向上管理"的解释，最为人接受的莫过于彼得·德鲁克的这句话："任何能影响自己绩效表现的人，都值得被管理。"

一个人即便能力再强也无法形成太大的势能，很多人常常把领导力挂在嘴边，但领导力只是教你怎么做别人的上司。在这之前，你还要先领导两个人：第一个是你自己；第二个就是你的上司。领导自己，是为了走得更好；而领导你的上司，是为了走得更远。

想在职场上走得更远，就必须掌握更多的资源，而资源的分配权力大多在上司手中。你所需要做的就是获得资源，对上司进行管理恰恰是一个成熟职场人要上的第一课。

《孙子兵法》云："上下同欲者胜。"为了和你的上司完成同一个目标，而有意识地配合上司的过程并不是拍马屁，而是一个职场人自我增值和实现价值的必要手段。再说了，能帮助别人成事，这本身不也是在证明自己的价值吗？

2
向上管理，是职场人相互成就的必经之路

薛毅然曾经讲过一个案例：当时薛毅然是一家公司人力部门的正职，她的副手专业经验比她丰富。她当时还问老板："为什么不是我给他当副手？"

老板说，你比他更合适做领导，后来事实也证明，的确是这样。

第一，她冲劲比较足，那时候组织变革，就需要一个冲劲更足的人冲在前面；第二，她组织协调能力更好，要想做部门领导，除了专业过硬，还需要协调很多事。

如果对方专业能力强，那么你们可以更好地合作，基于信任和欣赏，可以彼此成就。也就是说，你在他那里借了力，同时你也能帮助他有更好的成长。

如果你担心自己被替代，不招他进来，看似你保住了这个位置，但是如果你不能很好地胜任工作，老板可能会直接招一个能力更强的人成为你的领导。这样你的管理权限就变小了，也变相地被替代了。事实上，你就可能输掉了一个更大的赛局。

为什么有很多人不敢找比自己能力强的领导或员工，从本质上看，是他们看不到互相成就的价值和力量。

雕塑家米开朗琪罗有云："我在大理石中看到了被禁锢的天使，只有一直雕刻，才能将他释放。"后人常常提及的"米开朗琪罗效应"，就是从这句话里衍生出来的。它的意思是，就像雕塑家米开

朗琪罗可以把石头变成珍宝一样，称职的员工和领导也会成为对方的"雕刻师"，他能看见你的好，了解你想变成什么样的人，持续地给你支持和鼓励，让你一点一点变成一个更好的人。在这之前，你要明白为什么需要找到一个适合自己的"雕刻师"。

很简单，在职场上，你们是一个利益共同体。而且在一个团队里，上司的成功概率是最高的。他的信息、能力、视野、资源都比你多，所以如果有一个人能成，这个人也是他的上司，从理论上说，和上司在一个战线才是最理智的选择。

陈春花老师讲过一句特别深刻的话："你的绩效70%不决定你的绩效，而是由领导的绩效决定。"为什么这么说？

领导的成功和你关系最紧密，他的项目成了，你的身价也在提升；他的项目败了，你在团队里能力再强也没用。反过来，他不上升，你的上升空间也有限。

如果有一天他因为业绩不行被调离，那么继任者要么来自其他部门，要么空降，要么重新招人，不太可能从本来业绩就不好的部门里选。

简而言之，老板发展得不好，员工大概率也没戏。

3
真正有效的向上管理，是能够超预期解决问题

在职场上，一个人的不可替代性就看这个词——专业。

你是否有过硬的专业能力，是否有一技之长，是否对某个领域

有独到的见解，这决定了你成长的上限和价值的下限。如果你足够专业，不管你的领导、同事，还是你的客户，只要他们遇到问题，第一时间想到的就是你，这就是你能给他们带来的确定性和信任感。

基于这份确定和信任，在完成任务的基础上再多出一份力，多花一点儿时间，你和对方得到的都将是超预期的回报。毕竟，你能解决的问题更多，你的不可替代性就越强。

你想让上司和你彼此信任其实也很简单，只要你能做到以下两点：第一，成为一个值得他信赖的人；第二，成为比别人更有能力解决问题的人。

只要做到以上两点，你的上司很可能会认真倾听你的每一条建议，甚至在他遇到问题时也会找你商量解决方案，无形之中上司、下属的管理就反转过来了。

所谓向上管理，从某种程度上来说就是"超预期管理"。如果你能出色地完成你分内的工作，那么你已经成功了一半。如果你现在多跨出一步，在你们的相处中多注意一些细节，很容易就可以建立起你和上司之间的良好关系——一个互惠互利、共同成长的关系。

职场纷纷扰扰，没有太多领导愿意花时间去欣赏你有趣的灵魂，带着一份超预期的兑现能力去交付结果，或许比你追着他的微信朋友圈疯狂点赞管用得多。

如何真正做到超预期，让领导真的看到你存在的价值，不妨参考以下4点：

（1）主动汇报，切勿埋头苦干。有的人看到上级就紧张，不愿主动汇报。其实，工作汇报只是日常工作中的一部分，完全不需要有心理负担，挑一个相对正式的场合汇报即可。相反，如果等到上级亲自问你工作进展，那可能间接地释放了一个更严重的信号：他已经在向你要结果了。

既然如此，为什么不主动给对方想要的结果？

（2）先说结果，精简过程。没有哪个领导愿意听你诉衷肠、说苦劳，把成绩摆出来会更有说服力。就像你和领导相处的时候，如果你不能短时间抓住上级的注意力，对话很可能就会被打断。

建议你先说结果，比如"这个月的销售额比预期目标超额完成20%"。如果他对如何超额完成的内容感兴趣，再细说具体的营销策略也不迟。

（3）思考上司的兴趣点，让汇报超出预期。做一份工作并不难，但要想完成得更出色，你还应该站在上级的立场上，思考他关心的信息。

比如，你在汇报市场用户调查的时候提道："本月销售额为20万元，用户男女比为2∶1，年龄以20～30岁为主。"这当然是合格的汇报，但如果能在汇报中加入改进方案，就能超出上级的预期。

比如，"在这20万元销量中，有80%订单来源于线上，后期建议可以加大线上营销的运作和预算"。这样一来，其实能更好地考虑到领导的问题和立场，毕竟最后为你的想法买单的，还是领导。

（4）带着答案开口，而不是带着问题。很多职场新人容易犯的一个错误：没经过思考就发问。

要知道，提问题很简单，给上级建设性甚至是可执行的意见，才是在帮他聚焦问题、引导思考。就像文章开头所说的案例，我就是因为没有给到上司想要的结果，只是泛泛而谈，说些似是而非的内容，不仅浪费了大家的时间，还让人对我的业务能力产生了不好的看法。

后来，一位同事和我说："不要拿问题去问领导，而是带着答案去汇报。你能做的是给他一个可执行的结果，这才是你的价值体现。比如，这个项目的背景和进度是这样的，同时我建议的做法有3个，分别是A、B、C，这么考虑的原因分别是1、2、3，以上是我的看法，不知道您有什么建议？"

职场本就是交换价值的地方，对于任何人而言，你能为别人提供的价值越大，你的价值就越大。不要害怕"向上管理"会得罪人，真正得罪人的是辜负别人对你的期望和信任。而向上管理恰恰是让你成就别人价值、不负队友期望的最佳手段。

先成全自己，再成全别人，是本能；先成全别人，再成全自己，是格局。能克服本能成就格局，才是"向上管理"真正值得思考的问题。

有效社交，建立在互助互利的原则之上

在职场中时常听到很多人都在说：拒绝无效社交。说这话的人多多少少是打着拒绝无效社交的名头拒绝所有社交。社交永远是最快获得进步、信任、成长的途径。拒绝社交的人等同于故步自封。

那么，正确的职场社交方式是什么？

很多人常常将社交理解成"找人帮忙"，但实际上真正的社交往往是建立在价值之上的。懂得这一点才不会陷入"无效社交"的误区。

1
别人不愿帮忙，是你不够强

前段时间我着手做了一个关于新媒体写作的课程，本以为发发海报就能像其他大咖一样顺利卖课，结果是我想当然了。

平时看着其他同行发海报就能卖课的表象之下，其实也暗藏着很多门道和规律。刚开始其实连合适的渠道都没有找准，就进行推广，结果那段时间到处求朋友帮忙宣传推广，才零零散散有一些粉丝愿意听课。那场面真的是非常尴尬。

前期推广的困境导致我的心态崩了，甚至觉得课程听课率不高纯粹是别人不愿意帮我，导致课程一度推广却毫无进展，后来我拿这事去和一位写作圈里的大咖请教，对方很迅速地回复我："别人不愿帮忙，那是因为你还不够强。你想啊，首先，一个真正实力雄厚、能力超群的写作大咖，可能根本不需要别人插手就把事情搞定了，因为他确确实实写得好，口碑好，推广的事情自然轻而易举。

其次，现在都是资源互换、利益链接的，你凭什么让别人动用自己的资源去帮你发海报、做推广宣传？你这事做成了能为别人带来多少好处？

最后，别人帮你是情分，不帮你是本分，这真没什么好说的。凡事多想想凭什么，少惦记着为什么。"

其实在职场这几年，我确实也发现了这个规律，只有当你真正强大的时候，别人对你的帮助才会如虎添翼，而你如果还是处于苦苦哀求别人好心相助的阶段，别人除了同情你，真的给不了太多的帮助。

只有你强大了，能为别人带来可靠的互助关系，别人对你的帮助才会更具影响和效益。否则，有可能让所有人的精力和努力全部白费。

美国前总统肯尼迪曾经有句经典名言："不要问别人能为我做什么，要先问自己能为别人做什么。"

所有的有效社交，都建立在互助互利的原则之上。富兰克林在 21 岁时曾创建了一个"互助俱乐部"，其成员多是像富兰克林一样的平民百姓，但每个人都各有专长。俱乐部成员们在一起写作、朗读散文，辩论时事政治，甚至为好的投资项目集资。

富兰克林的目的是让"普通工人和农民可以像绅士们一样有智慧"，大家可以互帮互助、相互链接，实现资源的上下流动。

全球最大的商界人脉组织BNI的指导原则是"付出者收获"，不同的社交专家给出的指导很类似：有的是3∶2原则，你要至少帮助他人3次，才可以求助2次；有的是6∶4原则，你要帮助他人6次，才可以求助4次。

总而言之，想让别人帮助你，前提要么是你曾经帮助过对方，要么是他可以在对你的帮助里获益。

如果有一天我连帮助别人的能力都没有，我还真不好意思觍着脸希望别人为自己出钱出力。

2
强者互相成就，弱者见死不救

伊利曾经发给牛根生108万元的年终奖，他随即全部分给大伙，自己一分钱没拿。

单位奖励他18万元，他却用这18万元给员工买了4辆面包车跑运输。

"财聚人散，财散人聚"是他的名言。越看淡钱财，别人反而觉得把钱放在你那儿靠谱，在每个事业的难关，牛根生都有贵人相助。

2008年,三聚氰胺事件暴发,蒙牛奶粉也被查出含有三聚氰胺。三鹿集团一夜之间倒闭,牛根生苦心经营9年的蒙牛声誉毁于一旦,一天赔掉2 000万元,直接损失20亿元。

尽管他把生产日期在2008年前的乳品全部下架,所有产品全部销毁,蒙牛依旧跌入深渊,成了一只"待宰割的牛",随时面临被外资并购的命运。

关键时刻,牛根生的人脉拯救了他,也拯救了蒙牛。

柳传志连夜召开董事会,48小时之内就将2亿元打到对方基金会账户上;俞敏洪火速送来5 000万元;分众传媒江南春为牛根生准备了5 000万元的"救急费";时任中海油的负责人更是打电话给牛根生:"准备了2.5亿元,什么时候需要什么时候取。"

牛根生受访时坦承:"如果说什么地方竞争对手学不来,首先是我们的团队,别人是无法拥有的;其次,我们的企业文化以及独特的分配制度别人也是学不来的。创立蒙牛以来,我每年80%以上的年薪给大家分了,我手下的高管人员和部门负责人也大多养成了散财的习惯。"

俗话说:福来者福往,爱出者爱返。而事实也的确证明,真正送出去的终有一天会回来,毕竟真正的高手都愿意相互成就。

很多人总是感叹生不逢时,常常把自己的失败归结于"运气差""没人愿意帮忙",其实不然,有时候"好运气"都是自己苦心经营出来的。

前一阵加入秋叶大叔团队主办的"书友群",晚上8点,秋叶大叔在群里分享完后拿出两份福利随机发放,其中一位小伙伴正好把秋叶大叔分享的话术整理成文件包发在群里。就这样,一个很偶然的动作立即打动了大叔。

群里面的小伙伴纷纷表示,对方运气实在太好了。其实只要你细心观察,那些真正在职场和生活中混得好的,不一定是人缘最好的,而是愿意主动帮助他人的人。

就像作家海明威说的那样:"谁都不是一座岛屿,自成一体;每个人都是欧洲大陆的一小块。"

利己者生,利他者久。想着如何让自己获利是一个人生存的基本,但是光想着自己怎么发财,不顾及他人,这样的格局和心态只会让自己的路越走越窄。

3
有些人的成功,并不是意外

想必生活中很多人都喜欢看一个平凡人逆袭的故事,然而,能逆袭成功的往往只有很少的人。

一天,我在朋友的社群里看到了这句话:有些人的成功,并不是意外。

怎么理解这句话?

我个人的理解是:急着获得成功的人,反而很容易与成功擦肩而过；相反，怀着相互合作的心态去帮助他人，反而有机会与成功不期而遇。

可能很多人会说这是一句无用的鸡汤，那么，我们究竟该如何带着价值和别人进行社交和合作，甚至是协同合作走向成功？

在这里和你分享几个小建议：

（1）真正的良性合作不以损害对方的利益为起点

曾经有记者问"小巨人"李泽楷："你父亲教会了你怎样的赚钱秘诀？"

李泽楷笑了笑，回答说："父亲从没告诉我赚钱的方法，只教了我一些做人处事的道理。"

他一再叮嘱我："你在和别人合作，假如你拿七分合理，八分也可以，那你就只需要拿六分。"

永远让别人多赚两分，别人赚得越多，就越喜欢跟你合作，这样你才能赚得更多。

想获得利益很正常，但前提是不能与对方的利益形成冲突，甚至主动让出大部分利益，这才是真正的社交高手。

（2）不是你选择合作伙伴，而是合作伙伴选择你

我还在做房地产的时候，曾经在一次招投标会议上见识过一位真正的地产大佬。他并没有在会议中说其他竞标企业如何不好，而是主动和主办方分析自己企业的优缺点，自己能帮助对方做哪些项目，而另外一些项目建议选择××企业效益会更好。

这位大佬既没有在背后攻击其他竞标企业，也没有故意放低姿

态摇尾乞怜,虽然他的出价不是最低的,但最后主办方还是一致决定和他合作。

如果想要和别人合作,有时候比利益更重要的,是你的态度和格局。与其计较一分一毫,不如想想怎么和别人建立长久的合作。

(3)尽可能地为对方提供价值增量,而不是拖对方后腿

我们常常厌恶在玩游戏中遇到"猪队友",毕竟有时候一个"猪队友"往往会坑了整个团队。以前看过一句话觉得非常有意思:真正的社交高手是不会急着和你分蛋糕的,而是愿意花时间和精力与你一起把蛋糕做大,从而让更多人从中受益。

我以前就非常向往和圈里的大神交往,结果加了人家微信,人家根本就没空搭理自己,后来慢慢才发现:你拥有为对方提供价值的实力,才是别人愿意带你的前提。毕竟,大家的时间都这么宝贵,别人凭什么放下身段、挤出时间来陪你?

大家都是成年人,有空的时候多想想自己能帮别人做什么,而不是只盯着眼前的蝇头小利,真正的社交真相就在于:当你弱小无助的时候,坏人最多;当你强大无比的时候,朋友最多。

所以,不要再喊什么没人给你帮忙了,可能真的只是因为你不够强而已。

职场新人最大的误区,是停留在学生思维

最近,在知乎的职场板块上看到一个这样的热点问题:"有哪些典型的学生思维?"

绝大多数的回答都是一些职场老人毫不吝啬地挥舞着自己的笔墨,来敲击着键盘批判那些所谓的学生思维,这也无可厚非。

但是,如果把这些思维方式完全归结到学生这个群体上,未免有些太过于以偏概全。

毕业以来,我见过不少多年的职场人也有着这样的工作习惯,也见过很多优秀的大学生在处理问题方面有着自己独到的见解。

他们不是学生思维,而是在校园这样一个环境之下更加容易滋生的习惯,并不是每个学生都有,也不是每个职场人都没有。

一些个人的见解,希望能给大家带来一些思考的角度。

1
不要养成"完成作业式"的工作习惯

很多职场新人容易犯这样一个毛病:把工作上的任务当成是学生生涯时的作业,用写作业的方式去完成工作任务。

为什么很多人容易混淆它们？因为这两者的形式非常相似。不信，你细品：

（1）都需要在规定时间内完成它。

（2）都需要有一定质量地完成它。

（3）都不能去弄虚作假地完成它。

倘若你真的可以一丝不苟地做到以上三点，那么也未尝不可把它们当作同一件事。

可现实情况却是，大多数人在身为学生的时候就养成了非常不好的习惯——拖延、敷衍、抄袭。

这些坏习惯也被带到了职场中，他们把完成工作上的任务看作是"写作业"，用自己当初对待作业的习惯来对待任务，用对待老师的态度来对待领导。

不用过多地去关注，一切问题随着时间的流逝都渐渐地暴露出来了。任务规定时间内完不成，质量不过关，抄袭或剽窃他人的想法，这些都是很普遍的问题。

况且，身为一个职场人，我们最重要的进步方式就是不断地思考和解决问题，而这些低下的做法却会让一个职场人逐渐丧失思考问题和分析事情的能力。

再仔细想想，从更深的层次来看清事情的本质，虽然完成一个任务就像上交一次作业一样，可它们的底层逻辑是完全不同的。不能把它们一概而论。

身为一个学生，课堂作业没交，老师可能会给你一个机会补交，最多也就是批评你一顿，让你一定记得下次好好写作业；而身为一个职场人士，工作任务没完成，老板可不会给你一个机会重新做，你等来的多半是信任危机。

用一个职场人该有的素养去对待你的工作，它是一次对你职业能力的考验，是对你不断学习进步的一个推动，更是你对所处位置的使命和职责所在。

在规定的时间内完美地完成你的工作，更多体现的是你的职业道德素养，是你处理事情的能力，是你对待事情的态度。而这些因素往往也关乎你未来的职业发展方向。

所以，千万别把任务当作"作业"。

2
尽量避免单一化的社交方式

什么是"单一化"的社交方式？

即简单、干净的社交。

校园里的社交是相对简单的，日常社交对象往往是身边的同学，所以你可以很轻松自然地用一套为人处世的方式和他们形成关系。而职场上的社交则很"多元化"，社交关系在这个地方变得更加复杂，社交方式也变得更加多元。

职场人的社交，是基于最基本的身份对比关系，这个身份对比决定了你与社交对象之间进行互动时产生的不同行为。

你能用对朋友说话的语气和态度去跟上司说话吗？你能用对朋友说话的语气和态度去和客户交谈吗？你能用对朋友说话的语气和态度去和前辈搭话吗？

当然是不可以，也不合适。你需要思考你与他人的职位级别、认知关系、年龄差距，从而把握好说出口的每一句话的尺度和分寸。

这并不是让你讨好和巴结，而是养成一种"职场思维"。一个比你稍微年长的同事，就算职位和你一样，你也应该好好地喊他一声"某某哥/姐"，若是直呼其名，不也显得你不尊敬他人吗？

在这样的一个大环境下，所有的社交都是建立在基本礼仪和相互尊重的基础上。多考虑他人的感受，多思考他人希望你持有的态度，用合乎身份的方式去与他人发生社交关系，这样一切才会变得顺利很多。

职场人的不顺，往往是从不会社交开始的。职场上的社交，需要更多地注重他人感受，而不是展现自我偏见。

3
避免跟风式的选择模式

迷茫，是每个人都会遇见的，就像进入了一片繁茂的森林，找不到走出去的方向。但问题总会有解决的办法，就像月亮落下，太阳总会出来。因此，不必太过担心迷茫，也不必因为迷茫而盲目跟风。

你没有自己面对问题的想法，也不愿意付出太多的时间、精力去思考这个问题，再进一步是不知道一件事情怎么去做，不知道一个问题怎么去解决。若是在学生时代，当我们遇到一件事情自己没有主见时，往往会看看周边的同学都怎么做，然后也不去做过多的思考，随波逐流地做出完全相同的选择。你会认为，大家做的都是对的。

虽然说在职场中做好给你安排的事情，你就是一个非常合格的职场人了，但"合格的职场人"这个标签是基于你有自己的思考这个前提的，切忌凡事跟随他人，而没有自己的主见。

当有同事告诉你，这个项目有前景，让你跟着他一起投资的时候；当有同事教导你，这件事他做过，让你照着他复述一遍的时候，你是否认真地思考过，自己对这些东西是否有足够的了解，自己是否摸清楚了整件事的来龙去脉？

在职场上，要学会杜绝盲目跟风，每一个选择都应该是在自己根据实际情况去调查分析、思考总结之后得出的答案。因为你已经是成年人了，要为自己的选择负责。

4
不要养成课堂式的求助依赖

发生依赖行为是因为，你觉得其他人可以很轻松地帮你解决你所遇到的所有难题。所以，每当你遇到一点儿有难度的困难，第一反应不是自己应该如何去解决，而是去找谁可以直接给你想要的结果。

在家里可以依赖父母，在学校可以依赖老师，在外面可以依赖朋友。

这一切，大多都是因为你与他们之间没有产生利益冲突，他们选择的是无条件地付出。而职场却是一个小型社会圈子，是一个价值互换的地方，是用能力换取报酬的地方。在这样的环境之下，几乎没有人会无缘无故地帮助你。

如果你把"课堂式"的依赖带到了职场上，那么你觉得可以依赖谁？你的老板，还是同事？

不妨好好想想，他们凭什么给你依赖？

有人说这不对，我的老板常常教导我，同事经常帮助我。老板教导你是为了让你更好地工作，同事帮助你是因为他觉得将来有一天他也需要你的帮忙。

当然，并不是说你遇到问题不能寻求他人的帮助，而是在这之前先沉淀下来，好好思考一下自己是否真的没有解决这个问题的办法。若是有办法，就算很困难，也不妨一试，实在解决不了再去寻求他人的帮助。

适当的提问是有上进心的表现，过多的依赖则会招来他人的厌烦。所以，少提无意义的问题，少寻没必要的帮助。不要把寻求帮助当作解决问题的唯一方式，更不要把他人当作是你遇见困难时的依赖。要知道，没有谁有义务推着你成长。

5
改变"酒香不怕巷子深"的处事态度

陶华碧的老干妈从不做宣传，却凭借优雅细腻、香辣突出、回味悠长的口味引得人们口口相传，甚至远销海外。

"酒香不怕巷子深"，这是我们在学生时代就常常听到的一句谚语。

是的，在学校的确是这个道理，只要你在学习上表现得足够刻苦、足够努力。就算你最后没能取得很好的成绩，老师往往也会喜欢你这样的学生，因为你的努力可以弥补成绩上的不完美。

这也导致了很多年轻人进入职场以后喜欢一个人埋头苦干，认为自己只要把本分工作的事情做得漂亮，领导总会发现和挖掘自己的。可主动向领导汇报工作，却是职场成长生涯中必不可少的一环。

你能指望事务繁忙的领导主动了解你今天做了些什么事吗？这是不可能的。

你能期待忙碌的上级去主动询问你一个任务的结果吗？这也是不现实的。

当领导主动去询问你，说明你已经让自己处在一个非常危险的境地了。那么，为何不自己主动一点儿去表现出来。把自己做的事情汇报给领导，把自己的才能展示给领导，把自己觉得做得漂亮的地方说给领导呢？

学会主动展示你的成绩和实力,而不是埋头苦干,不主动表现自己,等着别人来闻到你的"酒香"。不然,做得再多也可能不被看见。

了解职场社交真相，掌握职场社交法则

在工作中，职场社交就像领导深更半夜发来的微信信息，尽管有时候你很不想面对，但总是避无可避。

可是不知从什么时候开始，很多人逐渐陷入这样一个社交误区：有事常联系等于"帮我砍一刀"；不把自己当外人，帮忙拼奶茶连钱都不给；把别人的婉拒当成客气，一而再、再而三地要资源。

不得不说，这样的社交行为真的让人害怕，有种仿佛一沾上，就永远摆脱不了的感觉。

那么，值得思考的是：职场人之间怎么相处才是最佳状态？

1
给老板点赞、彩虹屁夸同事，职场社交难道就是做戏精？

曾经看过一个辩论，主题为：你要不要喝愚人井里的水？

这道题其实放在职场上就是一个选择题：你是愿意随大流跟着别人一起站队抱团，还是愿意保持个性做一个独来独往的小刺猬？

反方辩手说过一句话：我一个人的傲慢和世界的傲慢相比，我一个人的傲慢就没有那么可怕。

很多人会觉得"傲慢"这个词不是职场大忌吗？其实不一定。

如果能好好把握"傲慢"，你就不需要迎合得那么辛苦，但前提是你得有自己的立足之本。不管你是走个性派路线，还是走融合他人路线，你都要用实力去开荒。没有实力的个性，可能就是"孤芳自赏"，而没有实力的融入，只会让自己成为小团队里的绊脚石。

相信看过《三十而已》的朋友对钟晓芹这个角色并不陌生。人到三十，依然很随性，没什么野心，也看不到棱角，对谁都客客气气，不求有功，但求无错。总而言之，办公室里谁都可以使唤她：咖啡机坏了，喊她；快递没人拿，喊她；难啃的项目，喊她。

看起来她确实在办公室里很受欢迎，但这种"受欢迎"不过是因为她好说话又没什么实力。说到底，柿子都挑软的捏，这么好说话不找你找谁呢？

其实这种社交现象在我们日常工作中也很常见，甚至有人为了社交而社交，常常容易流于日常人情世故中的俗套，相信你也看过：有人疯狂给领导的微信朋友圈点赞，也有人各种彩虹屁吹捧同事。

但他们往往忽略了一个职场真相：职场社交的本质，是在实力基础上的等价交换。如果没有这层实力为你托底，再灿烂的交际花也不过是办公室的点缀而已。

2
为什么说不会吹嘘、嘴不甜也能社交？

其实很多人都会疑惑，自己既不会吹嘘，嘴也不甜，看到领导还不会来事，该怎么开展职场社交呢？

我们最需要做的一件事就是，你先得丢掉"吹嘘/嘴甜/会来事=职场社交"这个想法。因为真正的社交靠的是智慧，而不是这些小伎俩。

熊太行在他的《职场关系课》中曾经分享过一个真实的案例：有个职场新人刚刚进入职场的时候，为了和老员工快速熟络起来，经常和同事一起吃饭，那时候他最年轻，又是最晚进公司的，就主动帮大家拿外卖、清理餐桌。久而久之，后来这些事逐渐理所当然地变成了他的事。即便后面有新人进来了，这些事还是他在做。

后来他自己想，要是不管这些事了，又怕之前那些老同事说他矫情，毕竟人家也没让他干，都是他自己主动做的。

熊太行给他的建议就是：你只要暂时不吃外卖就可以了。自己带饭去公司，自然而然地从拿外卖、清理餐桌这些事中解脱出来，等到公司里的那个小团体形成了自己的事情自己做的风气，再考虑要不要重新加入。

很多职场新人都会觉得自己资历浅，就要为同事做事来讨好他们，表示对他们的尊重，甚至觉得自己这么做挺会来事的，结果哪知道这只会把自己带进一个无底洞。

其实关于这个问题，熊太行提出了一个解决方法叫作"总统策略"。想想美国大选候选人拉票的样子，他们基本都是礼貌微笑、问候每个人、对引发争议的事情不表态，说话从来不会太满，而且会选择偏保守的建议。

总统策略就是对一个礼貌而友善的陌生人应该采用的策略，在对待领导和同事的时候，我们也可以采用这个策略。

这个策略有6个要点，分别是3个小习惯和3个处事建议：

3个生活中的小习惯，可以天天使用：对同事保持微笑，不习惯微笑，说早安打招呼也行；记住别人的名字，但记得千万不要随意喊别人的外号；称赞对方的气色、着装或工作细节。

另外，和同事相处的3个建议，你不妨也试试：对方如果提及自己的麻烦，就帮一点儿小忙；不在交际中卷入和对方的辩论和争执；如果对一件事你不知道该怎么办，偏保守稳健的选项一定没错。

你可以观察一下职场中人缘最好的人，并不是因为他们会说话、会来事，而是他们能从根本上洞悉人性：知道什么事该做，什么事不该做，说什么别人心里舒服，做什么才能真正帮助对方。

3
这样在职场和人相处，强过朋友圈点赞和评论

说实话，一直以来我在职场上就属于那种不善社交的人，也不想为了社交而社交，诸如给别人的微信朋友圈点赞、给同事吹彩虹

屁的事情，我也没干过，反而在离职之后，很多同事有职位空缺或者商务合作，都会主动联系我。

后来我自己也想了想，在职场上如果真的想给别人留下深刻的印象或是好感，并不是那种表面上讨好谁，而是发自内心去帮助或是认可对方。

在这里，我也总结了自己比较受用的社交法则，和大家分享一下：

（1）80%展示"能力"，20%展示"成就"

用言谈举止展现你的业务能力、沟通能力、倾听能力、表达能力，顺带说出你拿得出手的成功案例，如拿过的奖项、服务过的客户、专业成绩等。

但千万记得，展示特长不是炫耀，没必要不分场合见人就说。

（2）先付出，再收获

多想"我能为TA做什么"，而不是"我能从TA那里得到什么"。

给予不一定有回报，但不给予一定不会有回报。

大家都是成年人，实在一点儿比较好。

（3）培养自己的稀缺性

社交的基础是利益共赢，我和你交往，是因为你拥有的资源或能力我没有，而且我恰恰需要。

当你自己稀缺了，自然会吸引到别人。

（4）因势利导好过无效社交

比如对方喜欢运动，如果恰巧你也有运动的习惯，可以自然地说你每天坚持晨跑。这会拉近你们的距离,也会为你的个人品牌加分。而不是对方说喜欢健身,你却说天冷谁愿意出去健身。

(5)你能做什么基于我想要什么

谈话中关注对方的需求,并告诉对方你能为他做什么。

好的社交一定以满足对方的需求为基础,给他想要的,而不是只是告诉他你有多厉害。

很多时候,为做某件事而去做某件事往往容易背道而驰,比如为社交而社交。

我承认,有些人生来就不喜欢也不习惯职场社交。但没有关系,因为高质量的社交一定是基于你发自内心的愿意和对方做朋友或帮助对方。如果做不到这一点,感情再深的职场姐妹花,也会在利益面前一碰就分家。

做到超预期，实现成长的正循环

回顾之前的工作经历，我发现在职场上迅速崛起的新人，大多都有几个特点：理解能力强、逻辑清晰、表达流畅、有共情力、执行力强等。

在这个基础上，我把上述特征转换成一句话就是：让自己成长的速度，超过领导对你期待的程度。

这句话看起来似乎很笼统，也好像没给出一个实质性的解决方案，但我还是希望你可以耐着性子往下看。

1
超预期的背后，是高质低价的强反差

相信大家在逛商场的时候，都能看到一个名叫"名创优品"的门店，而且基本都是在商城靠中心的位置，但是你进去挑选商品的时候，发现价格却相当亲民。

名创优品是最近几年发展速度非常快的一家线下零售公司，目前为止在全球已经开设了超过4 200家门店，在中国开了2 500多家门店。

后来偶然间，在一篇采访中看到名创优品创始人叶国富分享了他的看法：互联网让信息越来越透明，也让每个人的时间非常宝贵，不愿意花更多时间在购物的环节上。因此，小而美的精选店才会出现，而在精选店中，产品要做到让消费者可以放心选择。所以，他坚持让名创优品走高性价比路线，也就是你进来就可以买，买了也不觉得心疼。

财经作家唐一辰在《重新定义全球零售业》中写到，一家门店偏爱开在高端商场却均价10元，这是高档环境和低档价位的强反差；一个门店入驻在国际大品牌之间，价位却低至数百倍，这是高价商品和低价商品的强反差；一支眼线笔要价不过10元，却具备美宝莲专柜品质，这是低档价位和高档质量的强反差。

这就是名创优品的过人之处，名创优品卖的是什么？卖的是"三个对比"，卖的是强反差，卖的是超预期。这种高质低价的强反差，让消费者不再为价格而敏感，从而在消费过程中最大程度地被满足。

什么是超预期？就是超出意料之外的期待。

一次，公司招了一个新媒体运营的同事，这个男生看起来相貌平平无奇，平时话也不多，刚进来的时候大家也没当回事儿。有一次公司接了一个品牌项目，但品牌方不想用常规的图文形式来呈现产品，并且要求效果特别惊艳，就在大家都一筹莫展的时候，这个男生自己做了一个短视频展现方案，连拍摄脚本都写出来了。

当时领导眼睛都亮了，一副"你可以啊"的惊讶表情。后来，每次领导开会的时候，总是非常自豪地和我们说："你们多向新来的同事学习，拿着差不多的薪水，人家能做得比你多，还比你好。"也正是在这个契机下，这个小伙子很快就被调到业务组做小组负责人了。

在很多人拿到60分就谢天谢地的时候，你可以用90分的成绩直接惊艳所有人，正是这样的强反差能让你不断优于众人，逆势崛起。

所以，有时候不要说职场新人没机会，先想想自己有没有用尽全力。

2
让人满意很难，让人失望却很简单

在职场中，自己说自己厉害没用，真正厉害的人都是别人说他厉害。很简单，因为厉害的人都懂得在职场打造自己的口碑。

雷军曾经给出过一个定义："什么是口碑？口碑就是把事情做过头。"

这个道理，我在梁宁的《产品思维30讲》中见过这样的演绎：她讲了她身边朋友买一瓶阿芙精油的体验，当时买了一瓶100元钱的精油，结果收到了7件赠品。

他收到包裹的第一感受是，一小瓶精油还寄这么大一个盒子？拆了包裹，他一件一件地往外拿赠品，拿到第三件赠品的时候，他已经忍不住说："还有？"

朋友说，在网上买东西有赠品挺正常的，不过买1件赠7件，这真是过头了。但真的是让人印象深刻，有一种忍不住要和人说说的感觉。

这就是口碑，这里有一个净推荐值的概念。

满意与推荐是两个不同的概念。你做到100分，提供了与产品描述一致的体验，能够及时回应用户遇到的困难，完全符合用户预期。用户满意了，但是他会觉得这都是应该的、分内的、没什么可说的。

用雷军的话来说就是：超预期是把事做过头，用户才会印象深刻，才会有口碑转化的动力，也才能从满意变成推荐。

把事情做过头，其实在职场上也可以换个说法，就是把事情做到极致。

大家都会做PPT，而你的PPT却能成为他们的模板；同样是写汇报，而你的汇报好到领导每周非看不可；别人东拼西凑交方案，而你花一周时间交出3个方案。

在某个领域里，把事情做到极致是有溢价空间的，这意味着领导会觉得你其他方面也不错，给你提供更多的机会，你的成长也会更快，这根本不是别人说的"给多少钱办多少事"这么简单。

让人满意很难，让人失望却很简单。如果你没法把所有事情都做到极致，哪怕一次把一件事情做到120分，其他部分只有80分，都比每一件事情只做到90分给人留下的印象深刻。

执行能力强、做事主动积极、表达能力出众、善于观察细节……在职场没有全才，但如果你每次把一件事做到极致，拿下该领域的话语权，自然有人愿意为你的极致精神买单。

3
超预期的开始，是愿意对自己负责

在从深圳回到武汉的很多年里，有时候我真的非常感激自己当初敢于突破舒适圈，去到一个陌生的城市工作和生活。也正是在这样的环境中，我的职业观得以快速成长和成熟起来。

其实在我看来，超预期的开始就是愿意对自己负责。只有知道对自己负责，才能明白工作的意义，才能懂得一份工作来之不易，更该好好珍惜。

我也深知很多职场新人渴望快速成长，甚至是倍速成长，但有些成长就是一个缓慢淬炼的过程，如果你有幸看到这里，倒不如试试下面这3个成长方式：

（1）找到属于自己的好目标

属于自己的目标是能够让你兴奋、发自内心想去完成的事，也只有这样，你才能在别人做到60分的时候，做到90分。

在职场中，一定要有两个重点：一个重点，是完成老板交代给你的；另一个重点，是挑战自己想做的。

老板布置的任务当然要完成，这毫无疑问是你工作的重点，否则谁给你发工资？但是，一般而言，完成老板布置的工作，是不太会给人带来兴奋感和积极情绪的，最多给你的感觉就是终于把这件事给完成了。

只有找到属于自己的挑战和目标，才能给你带来动力。如果这个挑战或目标，是在你的本职工作内，那当然就更完美。一旦你进入一种全情投入的状态，这种为目标努力的气势，反而能够帮助你更高效地完成其他工作，而这个也是超预期的起点。

（2）为成长留出足够的投入和时间

类似于健身、学习、副业这种不紧急，但也很重要的事，是非常容易被其他事情挤掉的。尤其是当你忙碌的时候，总能找到不做它们的借口。

建议你在做规划的时候，至少留出200个小时的时间，用于自己的能力提升和身体锻炼。要知道，一年有2000个法定工作小时，200个小时的投入，相当于10%，既不会让自己太累，也不会少到让自己得不到明显的变化。

我以自己为例，基本每天不忙的时候都会留出1个小时的时间阅读，如果是写作，可能时间会更多。

相信我，必要的投入时间，是你快速成长所必需的。

（3）形成激励回路正循环

很多人经常说不想被工作耽误生活，工作是工作，生活是生活。其实没有那么绝对，如果你不能在工作中尝到甜头，你的成长动力永远是不足的。

有一个给自己驱动力的办法是，把学到的某个技能立刻运用到工作中，也就是俗话说的现学现卖。

当我在最初做新媒体运营的时候，最大的挑战就是自己的文案能力欠缺，写出来的内容根本没人看。于是，我给自己报了一个写作课，学习各类文案的写作技巧。到了工作日，立刻就把前两天学的技巧用到实际工作中：怎么取标题打开率更好？如何写金句读者有共鸣？如何写结尾大家更愿意去转发？

就是在这个不断尝试的过程中，渐渐得到读者喜爱并收获稳定的阅读量，有了这样的正循环激励，我更加主动积极地投入其中了。

查理·芒格说："想要得到某件东西的最好方法，就是让自己配得上它。"我一直觉得，过上自驱的忙碌生活，并不代表你要过苦行僧的生活，而是学会对自己负责。也只有如此，你才能动力满满地挑战职场里更多的未知。

曾经，我背负过很多领导的期望，但那时并没有报以同等的成长速度，以至于让他们有所失望。所以，我也以一个过来人的身份和你说一句：抓住每一次期待就意味着你需要不断地主动成长，而不是让他们攒够了失望，最终离你而去。

Chapter 6

第六章

思维预期
学会提前预判,规避风险

为什么总有人能顺利避开职场危机？

作为一名职场人，疫情给职场造成的影响，相信我不多说，大家也有所体会。在危机面前，无论作为个体还是组织，我们都有选择的机会。

我们可以在巨大的危机之下奋力前行，正如那些最美的逆行者一般，选择认知危机、直面危机，然后战胜危机，最终超越危机。

就像陈春花老师说的那样：事实上，危机一直都在。只是很多时候，危机还未发酵成形而已。如果企业只能在顺境下、自己熟悉的世界里，以及在可认知的条件下才能实现增长、获得绩效，这本身就是一种危机。

职场危机始终会来，但为什么总有人能顺利避开，赢得比赛？

1
在变化还未来临前，做好准备是一种远见

吴军教授曾经在《格局》一书中表示：不确定性是我们这个世界固有的特征，世界上有很多我们自己甚至整个人类都无法控制的力量，承认这一点，才是唯物主义的态度。

疫情之后，我也看到很多人在微信朋友圈里抱怨，自己的生意和工作都被耽误了，但与此同时，也有很多人表示几乎没有受到影响，甚至有很多人开始逆势上升。

既然不确定性是世界的固有特征，那何必要在固有的事情上喋喋不休？何不早一点儿看清事实，做好下一步的计划？

对我个人而言，这场疫情给我最大的考验是：在极大的不稳定中，学会如何去面对不稳定。

基于这一点的认识，我很早就养成了多做计划的习惯，做任何事都会想好各种应对策略和方式，职场上也是如此。

入职一家高大上的明星公司，真的可以高枕无忧？做着一份不痛不痒的工作，自己真的就甘心吗？事少钱多离家近，这就是你职场的全部意义吗？

很多事情细想起来，会发现完全没有这么简单和肤浅，尤其是在这个多变的职场，在变化还未来临的时候，做好准备才是真正的远见。

我身边一位朋友就经历过这样的过程：一家200多个人的公司，年前还意气风发地表示2020年整体上市，结果疫情以来公司基本都没有业务可供开展了，还要求按实际工作成果发放工资，也就是说，你交不出实际的工作成果，就乖乖吃下这个"扣你钱"的闷亏。最后，还有很多员工直接被调整成停薪待岗，待岗工资加起来都不超过1500元。

而我这位朋友早在年前就看出端倪：公司核心营业部门人数不多，但其他非业务部门却有好几十人。也就是说，一个部门要供养其他几个根本不营业的业务部门。只要某天核心营业部门业务线和现金流一断,其他人全部都要跟着没饭吃。而这个核心营业部门又很受线下流量的影响,只要过了年没有用户上门消费,业务量就会递减,这对于企业而言就是个大隐患。

看到这些的时候,朋友早早做了准备,在年前发现很多企业过年期间还在招聘,便果断出击,结果疫情到来之后,他所在的原公司因为业务量骤减、资金流断裂,部门大部分员工都被公司困境套牢,求职找不到下家,在职工资不够花。只有他一个人手上拿着3家企业的录取通知,而且每一个都比现在的待遇和条件好。

有人抱怨被大时代抛弃的时候,也有人默默抓住小趋势的转机。朋友并不是什么高才生,也不是能说会道的职场老手,他只不过是在春节期间做好了充足的职场转型准备而已。而这个准备,恰好让他在这场危机中稳稳地站住了脚。

2
为什么我总劝你要给自己留一个B计划?

在这里,我想给你介绍一位股坛传奇人物,他的名字叫杰西·利弗莫尔。即使你不知道这个名字,对股市略有了解的话,应该听说过一本书,叫《股票大作手回忆录》。

这本书就是阐述利弗莫尔交易思想的。巴菲特说过:读再多的投资书,也不见得能够真正地笑傲江湖,但是如果你连利弗莫尔的书都没有读过,你要想在股市上盈利,基本等于妄谈。

有人将他的操作手法称为"利弗莫尔式交易",而其中最著名的就是"金字塔原则"。

金字塔原则对证券交易是非常重要的,你要顺着趋势试探性地买入或者卖出,等趋势确定了,再不断地加码。

除非你确信自己的判断就是完全准确的,否则全部买进或卖出的一把梭行为是很不明智的,这条原则能提高你在市场上活下去的概率。

我觉得这对我们散户也非常重要,有的人心想自己就那么几万块钱,一把投进去算了。这种交易习惯很容易全军覆没,要留后手。

金字塔原则就是告诉你,要留后手,要留给自己犯错的空间。

其实不管是股市还是职场,留后手对于积蓄不多的普通人而言都很重要。而这里的留后手,是一种风险对冲,也是一种意外转移,更是一种安全区设置。

以我自己为例,在很多年前就规定自己除了做好本职工作之外,还要学习一门其他的职场技能,不管是自媒体写作、知识变现、在线授课,还是社群运营、公众号运营,正是这样的习惯让我在职场变动中总能全身而退,越挫越勇。时间越久,能力边界越大,就像金字塔的塔底一样,越来越广、越深、越厚实。

就像吴军博士在《格局》中写的:"所谓最具普遍意义的通向成功的方法论,从根本上说,就是搞清楚做事的边界或者极限,搞清楚做事的起点以及从起点通向边界的道路。"

找到一个好的职场起点,并学会在可行的Plan B之中拓宽自己的能力边界,这种看似留后手的小动作,是为了将来能更好地完成向前跨一步的大动作。

3
比知道怎么做更难得的,是知道为什么这样做

应对危机的方法有很多,但是其核心还是要依靠企业自救,能够正确认知危机,做坚定的领导者,展开有效的行动,锐意自我变革等。正是这些行动,才能帮助企业度过危机,成就卓越。

任何危机都一定会带来巨大的冲击,所以关键不是冲击带来的变化,而是能否去认识和理解这些变化。就像陈春花老师在文章中写的那样:企业应对危机的生存之道就是极速改变认知,超越经验通常意味着胜利。

别人教你怎么做,那是别人想到的,最重要的是你自己知道为什么要这么做。我也看过很多职场中的个人自救的文章,但是归根结底都是从自己出发,在引导读者联想自己的实际情况,做出具体判断上倒是有所欠缺。

比知道怎么做更难得的是知道为什么这样做。基于这一想法,在此浅谈个人自救的4个原因:

(1)为什么要维护核心价值

无论是一个企业,还是一个职场人,都应该有一种安身立命的

本事，而这个本事越是厉害，就越是能够拔尖，随着时间和体量的增长形成巨大的效应和影响力。

就拿一个运营岗位来说，不同的运营岗位有不同的需求：产品运营、内容运营、用户运营、社群运营，甚至是时下大火的短视频运营，能把其中一项工作做好了，都是你的核心价值，而这个价值是去到哪里都能变现的。

对一个人来说，如果一辈子非常努力地做了很多没有影响力的事情，还不如认认真真做好一件有一定影响力的事情。这个核心价值就是一个职场人最大的影响力。

（2）为什么要扩大能力边界

如果对自己的能力没有估计过高，就不会在失败后产生悲观情绪；如果对自己的能力估计过低，同样会让自己的发展空间受限。

在现有的能力基础上去试探性地发展你的能力，其实和上文第一个"为什么"并不矛盾，比如当你熟悉了运营的工作，你可以再就运营上下游的工作进行深挖，从产品设计到项目运营，到前期宣发，再到中期维护，最后是售后转销。

每一项流程都是你能力扩大的二次试探，如果单纯地守着自己的一亩三分地，对整个局势毫无了解，结果除了技能单一之外，自己在职场中的地位支撑同样脆弱不堪。

看到这里你再想想：你的工作是否处在整个业务的核心？你的能力是否能更多更好地完成和其他部门的协作？

（3）为什么要形成协作体系

罗振宇在《超级个体》的分享中提到一个观点：单一的技能在今天的商业社会，其实已经生存不下去了。

作为一个超级个体，有一项修炼很重要——乐高式的能力组合。

乐高有很多的小模块，可以拼到一起，做成一个很大的积木，而且拼完以后，你可以把它打碎重新拼，拼出任何你想要的东西。

很多人常常说"能力越大，责任越大"，其实这句话同样可以反过来理解：当你肩负更多的责任时，会由一个普通个体进化成超级个体。也就是说，你为了完成更多的工作，需要与更多的部门和同事协作，而这个过程对于局势判断、资源争取、整体推进、工作划分都是很好的锻炼和考验。对于一个职场人而言，这是一种抵御不确定性的好方式。

（4）为什么要打造资源链条

凯文·凯利在《技术元素》一书中提过一个概念，叫1000粉丝定律。

未来的手艺人、音乐家可能只需要1000个铁杆粉丝，就足够养活自己了。你出什么他们就买什么，这辈子就足够了。

所以，以前的企业员工是通过出卖自己的忠诚，换来自己的安全；但今天的员工一定是通过提升自己的能力来换取自己的安全。

而不断提升并加强自己的能力，就是一个隐形的资源链条。以前我们会关注自己在组织里面的关系，今天我们会关注自己在朋友圈的关系。

就像我今天再去找工作，第一个想到的不是去各大求职App，而是会问我的人资圈，因为他们才是招聘信息真正第一手的来源渠道。

打造你的资源链条，争取在整个能力价值链的任何一个节点的突出表现，让别人知道你的能力，而你也能通过这个能力帮助到更多的人。只有这样，你才能和他们形成真正的利益共同体。

关注的信息越多，得到的却越少

这两年，毫无疑问是非常艰难又非常令人焦虑的时期。

而这种表现在职场上随处可见，最显著的就是平时很多人不关注的新闻，现在成了职场人耳熟能详的开场白，仿佛不聊点儿大家知道的话题，就被这个时代抛弃了一样。

资本预冷、经济放缓、裁员增效、流量寒冬，一切职场人了如指掌的关键词都构成了日常茶水间脱不开的话题。

越来越多的职场人，仿佛陷入了一种对信息的极度渴望和畸形认知中。一方面非常渴望掌握更多的信息来源；一方面又疲于应付各种信息，更无法有效地提取和吸收。可是，很多时候事实和结果会告诉你：关注的信息越多，得到的反而越少。

而你花费大量时间关注的那些信息，对当前生活、工作以及个人成长并没有太多的帮助，反而会让你持续地陷入对信息的焦虑之中。

为什么我要这么说呢，不妨接着往下看。

1
过度关注与自己无关的事情，本身就是一场无效关注

看过很多视频直播的职场人可能对这些段子不会陌生："老铁双击666，关注一波全都有。""关注主播不迷路，主播带你上高速。""关注主播小可爱，主播带你买买买。"

毫无疑问，在网红经济大行其道的今天，关注就是最直接的经济来源，有多少用户关注就可能有多少变现空间，关注的人越多，主播的势能越大，最后能产生的经济变现效益也就越大。

无怪乎有人说"目光关注之处，金钱必将追随"。但抛开粉丝动辄百万的各类平台头部大号博主之外，一般人所得的关注和所付出的关注，注定没有什么价值，而且还有可能根本就不值钱。

我一度也迷失在这样的各类关注之中，疯狂地关注各类行业大咖，总以为在别人面前刷几次脸就可以蹭一波关注，但现实是除了加上对方的联系方式，发出一段自我介绍之外，而后再无新的对话。

这样的案例实在太多，比如时下最火的各类社群营销课程，请几个所谓的行业大咖，配上几段振奋人心的金句文案，再加上一两个让人满含希望的解决方案，最后再发动公司的各种营销号一起转发朋友圈，看起来热热闹闹，甚至让人产生一种"买了就能发大财"的稀缺感。

但付款之后，除了在会场上跳舞、喊口号，社群里每天刷屏的各种口水信息，以及几个所谓的大咖激情澎湃的分享之外，最后能

剩下的就是下一期开班卖课的海报了。

有时候，你苦苦追求的关注和你花费大量时间关注的，本质上都是同一个结果：既对当前产生不了任何价值，又极其浪费宝贵的时间。

很多人常常开口必是阿里、华为、小米，见面必谈行业大咖如何如何，实际上可能连一本达利欧的《原则》都没有看完过，他们也不在乎这些企业和大咖可能跟自己一毛钱的关系都没有的事实。

有时候过度关注这件事，本身就会让人陷入一种认知怪圈：原本可以通过把事情做好而获得成功的人，选择了把精力浪费在根本不值得关注的事情上。过度追求和自己无关的关注，本身就是一场无效关注。

吴军博士曾经在《格局》这本书中讲过一个案例：他的腾讯前同事曾经告诉他，很多游戏公司为了让用户来玩他们的游戏，在腾讯等媒体渠道投放广告，那些广告每天会被上百万个用户看到，但实际上没有人在意那些豆腐块大的贴片里是什么内容，更没有人愿意点击进入了解详情，最后更不用说下载到手机里进行注册。

用这样的方式获取并留存1个用户的成本，大概是2000元，而这个过程中用户并没有在这个软件上有1毛钱的支出。看似有海量关注，实际上能转化的价值少得可怜，甚至可以说那些关注根本毫无价值。

同样的道理，这也解释了为什么有很多明星和网红看起来惊艳动人、貌美如花，但是一关掉手机和电视，你完全想不起他是谁、叫什么、长什么样，有什么拿得出手的影视作品。

好看的皮囊千篇一律，耐看的作品一个没有。如此一来，这样的关注又有何意义？

那些过度追求和自己无关的关注的，本质上不过是一场自我的心理安慰，他们可能不会知道，等到互联网浪潮之后，出现下一个更好笑、更出格、更让人争议的猎奇视频之时，那些曾经蜂拥而至的关注者，又会迅速奔向另一个更值得他们关注的地方，而这才是无效关注最残酷的一面。

2
人人生而平等，但不同的关注却有不平等的结果

很多人可能会说，如果明星和网红在这个时代变化太快，那我选择看电视总行了吧。

电视开机时呈现的主题只有一个，照理说对关注的观众而言垂直度算比较高，然而事实并非如此：有数据称，美国观众每看1小时电视，只产生20美分的价值，折合人民币是1元左右。相反，上网看一场带货直播，你可能几分钟就花光了1个月的工资。

根据美国的统计数据，什么媒体被关注的商业价值最高？

不是商业媒体，也不是娱乐媒体，而是那些看起来毫无乐趣的高质量的严肃杂志，平均1小时就可以产生1美元的商业价值。

从关注内容的质量上而言，低质量但免费的内容永远无法赶超

高质量但收费的内容。

在中国一本优质的商科书籍平均售价30元以上，读者读完一本书平均时间为10个小时。也就是说，读者每小时消费3元人民币，但如果你在网站上随意浏览某个明星的花边新闻，或者看一条十分"标题党"的帖子，消费掉的内容可能一文不值，因为这样的内容随处可见，十分廉价。

人人生而平等，这句口号自法国大革命以来就经久流传、生生不息。但很少有人知道，不同的关注却有不平等的结果。

有人在朋友圈求人给一个免费的某视频类会员，就有人愿意为关注优质的内容而付出高昂的成本。

美国心理学作家肖恩曾经在《快乐竞争力》这本书中，提到一个"无意视盲"的概念：不论是东西，还是事件，如果我们不注意，就算近在眼前，我们也看不到它。

这种选择性知觉说明人的关注点在哪里，意识就产生在哪里。你选择关注什么，就会看见什么，最终就会收获什么。

被大脑屏蔽掉的东西不是不存在，只是我们未曾察觉。而那些被我们主动关注的一切，渐渐地在不知不觉中形成了一种新的"信息茧房"。

最典型的例子，就是现如今那些新闻、娱乐短视频等各类App的信息推荐算法。比如当你在某音上连续点赞了3个漂亮小姐姐跳舞的视频，那么接下来你会看到越来越多同类型的视频。而相反，比如一开始就被你划掉的读书类内容，将会越来越少出现在你的信息流里了。此时系统就为你构建了一个信息茧房，在这里你只会看到你想要的信息，而隔绝了其他种类的信息，你在不知不觉中走了进去，沉迷其中而又无法自拔。

英语中有一句话叫作"you are what you read"，可以理解成"你关注什么，你就是什么"，这也就说明了为什么要去关注那些更优质、更具价值的内容的重要性了。

有时候，并不是那些成功的人太优秀，而是他们懂得主动去筛选关注的内容：哪些内容是值得自己主动关注的，而哪些内容完全没有必要去关注，他们区分得很清楚。

话又说回来了，懂得合理分辨和筛选高质量的信息，正是一种能力的表现。

3
低质量的信息终将饱和，优质的视角和内容永远稀缺

1815年6月18日，拿破仑指挥的法军和英国将军威灵顿指挥的反法联军在比利时的滑铁卢展开大战。

因为法军指挥上的疏漏，战场形势逆转，法军溃败，一个名叫罗斯伍兹的英国人连忙回到英国将消息告诉老板——罗斯柴尔德。

而罗斯柴尔德家族就靠着庞大的情报网络，率先获悉了拿破仑滑铁卢惨败的消息，并释放英国输了的假消息，以致英国公债暴跌引起市场恐慌抛售，其乘机大肆低吸，第二天法国大败的真消息令英国公债暴涨，那一夜罗斯柴尔德就一举成为英国政府最大的债权人，牢牢地控制了大英帝国的经济命脉。

他在滑铁卢战役之后的一两天内赚到的钱超过了他前半辈子挣的钱财的120倍，不到20年工夫，罗斯柴尔德家族就积累了70亿美元的财富，成了英国有史以来最庞大的金融帝国。

为什么要讲到这个案例？

是因为未来必将是一个信息过剩的时代，谁拥有了高质量、高价值的信息，谁就能掌握主动权和话语权，甚至是议价权。

而在这个基础上，你能为用户提供最优质、最新颖、最具价值且最具高性价比的内容，用户才会一如既往地跟随你。

再分享一个《邵恒头条》主理人邵恒收集优质信息来源的方法：建立自己重要的信息源，比如成立自己的知识顾问团。

她在上海看跨年演讲的时候，收到大学室友的信息，对方在信息中写道："新年快乐，亲爱的！新年礼物不送了，给你推荐一篇关于×××的商业模式分析，可以考虑做成节目。"

这位室友曾经是美国富达投资集团的分析师，她就是邵恒的知识顾问团成员之一。

网上的海量信息靠一个人看是看不完的，你需要有自己的"筛选算法"，而她的"算法"就是找到在某些领域做得很出色的人，依靠他们的专业判断来协助筛选信息。

想要找到有价值的信息，关键是要突破人的圈层，学会用别人的眼睛看世界。简而言之，也就是我们常说的"择其善者而从之",向各个领域里最具辨识度的优秀人物学习,学着用他们思考问题的方式去看待问题,这才是一个人成长最快的方式。

我们这一代人,出生和成长在一个信息大爆炸的时代,没有什么是长久的存在,所以每一个事物的出现都在用最吸引人关注的方式出现,或夸张,或出格,或露骨,或猎奇,不一而足。而那些林林总总包罗万象的内容的出现,反衬出人们越来越害怕错失的心境。这一方面让人保持饥渴,总希望付出更大的精力投入;另一方面则让人惶恐不安,辗转难眠。

摄取过量信息,甚至开始关注和自己成长无关的信息,是都市青年不愿接受一天结束的唯一解决方案。这也是为什么有人在关注那么多信息之后,对很多明星的私生活了如指掌,对张三李四的八卦熟稔于心,对公司领导的各种癖好倒背如流,却始终一事无成。

越是繁杂喧嚣,越要保持对内心深处的关注,越是要关注那些优质且客观的内容。也唯有如此,我们才能更加理性地去面对这个世界的繁杂喧嚣。

每个人的发展路径，都值得思考和借鉴

某天下班的时候打了一次网约车，来接我的是一位50来岁的包师傅。在短短的20分钟的车程里，我在和包师傅的攀谈中，渐渐地了解了一些事情。

这些事情中包含的一些信息和道理，让我在接下来的几天里，有了写出来并和你们分享的动机。在此，也和各位职场中的小伙伴一起分享和探讨。

希望你的职场也能有所借鉴和参考。

1
职场除了努力，还有选择和时机

上车后，我一下就看到司机包师傅，一头短而干净的白发，虽然戴着口罩，眼睛里透露着的却是一股子精气神。

攀谈之下，才得知他原来是内蒙古人，来自和吉林省接壤的通辽市。说真的，要不是包师傅的解释，我还真不知道这个城市，后来说起他来武汉发展和定居的原因，他说那时候原本是在内蒙古通辽小城，在当地的农林局伐木连做事，可以算得上端着铁饭碗。后来南方搞经济开放，身边的朋友都南下淘金，只有他还是守着那个铁饭碗，但那时，随着国家对于资源型产业的调整，很多依靠矿产、林木、畜牧业等的资源型城市都受到影响，渐渐地单位也没有之前那么稳定了，效益也一年比一年差。

再回头看，那批最早去南方的朋友们，过年都能开小轿车回家了。

包师傅在一个等红绿灯的当口，回头和我说："那会儿我干活儿也挺努力呀，可单位效益上不来能怎么办。我才刚刚结婚，一家老小等着我拿钱糊口，没办法，最后还是和我爱人他们家的连襟一起来武汉闯荡，这才有了今天。"

包师傅说完，一脸风轻云淡的样子，但我知道，那句"来武汉闯荡"短短的5个字就有说不完的故事，只是他没有说而已。

后来，我常常想包师傅的那句"我干活也挺努力呀，但是我也要养家糊口"，心中就有无限联想。

在职场新人越来越不喜欢听"努力"这个词汇的背后，是我们这一代人意识的觉醒。

因为很多事单单靠努力是很难完成的，比如在不合适的地方和方向努力，最后成功的概率可想而知。

从包师傅那一代人，到我们这代新职场人，我们所共同面对的是越来越多元化的选择和条件。我们在发展的定位、生活的城市、选择的职业，甚至是通勤的交通工具上，相比于20多年前都有着截然不同的选择。正是这样的变化，让我们的努力显得不那么乏力和平淡。

就拿大家经常考虑的一个问题来说：是继续留在"北上广深"，还是回到压力小一点儿的二线城市？相比于以前，我们现在有更多的选择了。

离开并不一定是因为压力，可能是"和这座城市气质不合"；而留下的原因，也没想象中"为梦想、为远方"那么高大上。更重要的是，年轻人对于生活、职业的选择和考虑，被容纳进更多因素，比如互联网对社会经济差距的拉平效应。

2
对于新事物的出现，不要总是盲目拒绝

包师傅给我最深刻的第二个感受就是，他对新事物的出现常常保持一种开放和接纳的态度。

这一点，从他早年的下海就体现出来了。他没有和其他人一样守着体制内的工作，而是选择跳出来另谋出路，尽管这个选择在当时并不被大多数人接纳和认可。用他自己的话说就是："早些年我从单位里出来，除了迫不得已，也想自己出来见识一下世面，总不能让自己的老婆孩子饿肚子，所以我选择来到武汉。那时候什么都做过，摆地摊、做生意、跑出租，这几年出了网约车，经过自己在武汉这么多年的生活和判断，我觉得这一块确实还有很大的市场，武汉学校多，学生也多，平时出去玩打个车又方便。

再加上这几年国家扶植中部崛起，很多企业在武汉驻扎，年轻人回流武汉的也越来越多，像你们上班族打车的也多，所以综合方方面面考虑，我很早就做了网约车司机这一行。

虽然说现在补贴少了，可是我做得早，跑车拉客的规矩我吃得透透的，比如'什么时间段客流多''哪个地方打车人多''如何让用户多给好评''为什么送客的时候提前点儿到达'这些可都是学问，一样需要花心思去琢磨。"

听完包师傅的分析，我打开司机页面一看，果然已经跑了好几万单，还获得"5星好评"和"城市英雄"的称号。

在包师傅的身上，我至少看到了他对趋势的判断并不是盲目跟风，而是有自己的理解和思考。同时，对于新事物的出现，也并不是像大多数思维陈旧的人一样拒绝一切，而是有思考、有判断、有行动。

包师傅的发展之路，无疑给我们职场人一个新的参考模板。面对未知的职场，我们每个人都不会知道明天的世界会是什么样子，我们身处的行业有多少变化，而脚下的赛道上又到底有多少积雪。

我们所知道的仅仅是一个不断变化的时代到来了，这个世界在推着我们面对变化做出各种各样的反应。有人积极拥抱变化、紧握时机，也有人闭着眼睛把头埋进沙堆里。

在过去的4年里，我自己也在职场上进行了多种尝试和学习：从工地施工员转行做新媒体运营；和平台签约，开始通过稿费变现；开设写作课程，做知识付费；和合伙人联合创办新的职场项目。

所有的这一切都不是一个预谋的结果，而是我们面对世界的变化积极做出的相应改变。我不知道那些一成不变的人结局如何，但我可以肯定他们会被淘汰得更快。有时候，拒绝并不能将危机全部抵挡在门外，也有可能让自己成为危机的源头。

3
不要不断地爬楼梯，要学会建造自己的楼梯

快要到家的时候，我问包师傅："您是一直做这个业务，还是单纯地觉得它来钱快才进来的？"

包师傅略做思考后，回复我："其实没跑网约车之前，我就一直专注在跑车这个业务上面了。早些年，我发现武汉的建筑业刚刚起来，到处都是工地，这个时候问题也来了，很多工地都有很多建筑垃圾没车运，那会儿我就盯准了这个机会，联合好几个司机，自己组了一个车队，专门接建筑工地拖运建筑垃圾的活儿。

"幸好那会儿房价也便宜，单靠跑运输就赚到了付首付的钱，后来跑建筑工地都规范化了，有固定的车队了，我就自己接着跑出租，除了每月的份子钱，自己还能供孩子上大学。不过这几年也没闲着，跑网约车也是一个机会，用你们年轻人的话说，我也是抓住了一个风口啊。"

听着包师傅的故事，我心生感叹，心里重复的最多的一句话就是：这样也可以啊？

但实际上真的是这样，和包师傅不一样的是，很多人也曾对风口痴迷疯狂,但大多数只是打个照面就失之交臂,很少有人能真的沉下心来专注在自己熟悉的领域中。

虽然包师傅经历了那个下海经商的浪潮,但他并没有迷失方向,只是在自己的思维和能力的"甜蜜区"深耕,而不是朝三暮四,干一行,丢一行。

著名财经作家吴晓波老师在他的一篇文章中写过,这个世界上有两类人。一类人在不断地爬楼梯,爬到5楼觉得风景差不多了,换一幢楼继续爬,他们爬了很多幢楼,不过每幢都仅仅爬到5楼或6楼。另一类人只爬一幢楼,从1楼爬到5楼,再接着爬10楼、15楼、50楼。我大概属于后一类人。当我爬到5楼的时候,我并不知道在10楼上会看到怎样的风景,遇到怎样的困难。而到了10楼,以及未来的15楼、50楼,又是一些陌生的、不可预知的风景。

也正是在这段话里,我看到了很多职场人不断徘徊和纠结的背影:做的开心就继续,不开心就跳槽;谁家开的工资高,我就辞职去谁家;什么工作好玩,我就做什么。

短期内,他们确实多拿了几千块钱的月薪,自己也确实玩得非常开心;但从长期来看,无法拥有对行业的深刻认知和了解,也无法积累相应的资源和人脉,最后不过是空耗了几年时间而已。

相比于不断换地方爬楼梯,不如学会建造自己的楼梯。当你在腾挪的时候,很多人已经在同一条梯子上爬过了你的头顶,很多人都会劝你"不要在同一棵树上吊死",但实际上也有很多人早就借着梯子摘下了果子。

就像包师傅那样,能靠跑车拉货挣下一套房绝不是靠"做一行,换一行"得来的。在他的身上,我们完全可以看出那一代人的鲜明成长的痕迹:在合适的时间做出合适的判断和选择,紧握时代给予的机会和资源,专注在自己的领域深耕细作,总结对的经验。

也正是在包师傅的身上,我看到了另一种职场人的发展轨迹,而这样的故事值得我们这一代职场人去学习和尊敬。

把精力放在重要的事情上，才没有浪费生命

迅疾无声。

如果你问我，2020年给我最直观的感受是什么？我可能第一反应是上面的这4个字，这4个字里既有时间的流逝，也有人事的迭代，最让人警醒的是一切变化都在悄无声息中来临和过去，一切总好像把人打得措手不及。也是这一年，很多人都遭遇了很多事情，并且面临着很多选择。

是选择去一线大都市打拼，还是留在二三线城市兴叹？是选择多拿点儿钱去小公司，还是去大公司当颗螺丝钉？是选择一个爱自己的人，还是选择一个自己爱的人？是选择职业发展忍痛割爱，还是选择步入婚姻退居家庭？

每种选择，都藏匿着未来不同人生的走向和发展。

前段时间有一位读者在微信中问我说，自己做了很多年的工程造价了，但是自己根本就不喜欢这份工作，只是身边人都说这个工作有前景、发展好，问我该如何是好。

我并没有立刻回复，但可以肯定的是，无论过了多久，我想给的建议只有这一个：永远不要忘记，做你余生中最重要的那件事。

1
什么是余生中最重要的事?

"没有人能知晓我们在未来几周会面临什么,但每个人都非常清楚,新冠肺炎将测试我们的善良和慷慨、超越自我和摈弃个人利益的程度。

在这个非我们所愿的、前所未有的、复杂迷茫的当下,我们的任务就是把自己的人格魅力和个人技能最好地呈现出来。愿智慧和优雅陪伴我们前行。"

这段话来自哈佛大学的校长劳伦斯·贝考。就在2020年疫情刚刚在北美暴发的时候,哈佛大学在3月份确诊首例新冠肺炎,而贝考校长和他的夫人刚好确诊感染了新冠肺炎。

前面援引的这段话,就来自贝考校长在2020年3月13日写给哈佛大学全体成员的公开信,目的是通报情况,呼吁所有人全力配合学校的防疫工作。

就如同演讲中贝考校长说的那样,可能没有人知道未来的疫情会发展成什么样子,但我们可以把自己的人格魅力和个人技能最好地呈现出来。比如积极配合防疫工作,非必要不外出等。

这段话在今天看来可能显得有点儿稀松平常,甚至有点儿平平无奇,但放到时代和人生的重要节点上,总能散发出让人信服的力量。

疫情给很多人带来了不小的改变,可最让我佩服的是这一群人——他们依然在改变中，坚持不变。

2020年12月，时隔五年之后的罗振宇和许知远再次进行了一次访谈，许知远的第一个问题是："疫情对你有改变吗？"

罗振宇坦然回答道："疫情没有改变我什么，我行动如常。"

这也算是疫情期间我想通的一个问题。事情越大，我们能做的事其实就越少。请注意，不是影响小，是我们能做的事很少。

你会发现，疫情期间最有利于什么样的人，就是动作没有变形的人。

我很骄傲，疫情没有改变我什么，我在正常做自己的事。

世界纷纷扰扰，可能和我们升斗小民相距太远，而每个人辐射的范围也有大有小、有远有近，对于不同的人而言，余生中最重要的事也各不相同：学生积极学习，职场人诚心工作，商人守信交易。

诚如贝考校长和罗振宇而言：在可选择的范围内，一如既往地做好自己选择的事，并无愧于自己的选择，最后保持不变形，甚至在这个过程中呈现出自己的最佳状态。这就是对余生中最重要的事情的最好理解和演绎。

2
为什么我们一定要做余生中最重要的事？

在罗振宇回答许知远问题期间，他讲了一则弘一大师的故事：某次，丰子恺去看望在杭州出家的弘一大师李叔同，李叔同修的是佛家的律宗，持戒甚严，每天从早到晚地做功课。

但即使是这样，那天傍晚，看着夕阳西下，李叔同还是不住地感慨："来不及了，来不及了。"

作为佛教徒，李叔同大师感慨的是成佛来不及了。

讲完这个故事，罗振宇感慨，我想做的事太多，而很多事情都来不及了。比如：跨年演讲还剩15年，那个替我上台的人，还没有找到，快来不及了。得到App能接替我的下一个梯队还没有培养起来，快来不及了。我从现在这个角色上退休，到下一步自己要干什么，还没有找到答案，这个也快来不及了。我女儿今年4岁半，距离她放学回来就把门关上不理我，也就五六年时间，也快来不及了。

当然，你可以说罗振宇有这样的理解，是因为他已几近年过半百，但你不要忘记，在稳定流逝的时间大河之上，谁都一样。而这一声"来不及了"，恰是对我们时常糊涂的时间观报以的最好的警醒和提点，让我们在前行的路上，知道有所为和有所不为。

哈佛大学曾有一项研究，持续跟踪700多人的一生，目的是探寻决定一个人过得幸福的原因到底是什么。

最终的研究结论是：只有良好的社会关系，包括和谐温暖的亲情、友情、同事等关系，才能让人们幸福和快乐。

布罗妮·瓦尔是澳大利亚的一名护士，专门照顾生命仅余12周的病人，她将病人弥留之际的感悟，记录在《人在弥留之际的五大憾事》这本书里。她所总结的人生五大憾事是：（1）我希望能够有勇气活出真正的自己，而不是按别人的期望生活；（2）我希望自己工作别那么努力（这一项是男性的憾事之首）；（3）我希望能够有勇气表达自己的感受；（4）我希望我能与朋友们保持联系；（5）我希望能让自己更快乐。

看到这里，让我们再次来思考一下那个问题：为什么我们一定要做余生中最重要的事？

如果你暂时没有答案，不妨想想：现在做的工作，是你真正发自内心所热爱的，还是听从父母选择的？现在交往的对象，是你真正认可并赏识的，还是觉得对方条件不错而选择的？现在生活的状态，是你真正喜欢且享受的，还是仅仅为了活成别人想要的样子？

如果你还是没有答案，不妨再想想：把自己的余生压缩到最后一天，你会做何选择？

越是繁杂喧嚣的时代，越要保持对内心深处的关注，越是要撇开分散自己注意力的事情，把时间用在余生中最重要的事情上。

3
让自己沉浸在解决问题之中

2019年5月16日，贝聿铭先生离开了这个世界，享年102岁。

他是一个在世上留下了很多座纪念碑的人。但是，你如果去读他的传记就会发现，几乎他的每一个建筑作品，在当时都面临责难和挑剔，都是历经千难万险才来到世间的。

曾经有人问他："你怎么看待外界对你的挑剔？"

贝聿铭先生对此的回答是："我从来没有考虑过这些问题，因为我一直沉浸在如何解决自己的问题中。"

每个人都会有过这样的"贝聿铭时刻"。不论做过什么、在做什么，你都会遇到形形色色的挑战。这时候该怎么办呢？

贝聿铭先生的这句话是我听过的最好的答案：我一直沉浸在如何解决自己的问题中。

世界纷纷扰扰，时间去而不返，我们终其一生最重要的事，无非是沉浸在解决各种自己遇到的问题上。

所以，无论是工作还是生活，当你面临选择时，不妨先参考这几点：

（1）懂得运用奥卡姆剃刀原则

奥卡姆剃刀原则认为，无论是哲学、科学，还是其他领域的问题，通常最简单的解释就是最佳的解释，所以"如无必要，勿增实体"。

把奥卡姆剃刀原则运用到工作上，就意味着应当寻找最简单的方案。比如说，在工作中要尽量少做，且只做必须要做的事情。

有时候，"尽量少"甚至意味着"少到只有一个"。就像我刚刚进入职场的时候，每个周末都会提前做好下周一的工作汇报PPT，但每次做出来的汇报方案总是被领导批评太过冗长且无重点。

后来费了好大劲儿，把最初准备的15页减少到4页，但还是无法达到要求。在这种情况下，我只能重新思考这次演讲的重点是什么。再后来，我就只围绕重要的信息和流程做汇报，其他无关的信息和数据一律不谈，结果几次下来汇报工作明显有所长进。

（2）对过多的目标说"不"

研究发现，在职场中有24%的人认为自己无法集中精力做最重要的事情，是因为上司设计了太多的目标，而工作成绩最好的那群人，往往更善于对上司说"不"。

当然，向上司说"不"需要讲究方法。拒绝过多的目标不是为了偷懒，而是要对最重要的事情全力以赴，从而出色地完成工作任务。当下次上司再派给你很多工作时，一定要抵制"我要更加努力工作"的过时想法。

你可以这样问上司："能不能让我对这些任务排优先顺序？这样我就可以在最重要的任务上投入更多的精力。"这样做，你既可以知道自己的优先次序与上司的是否一致，也避免了陷入无头苍蝇的状态。

这个道理，用在人生选择上，一样可以帮你规避很多看似是便宜其实是天坑的无效选择，毕竟时间宝贵，何必浪费。

（3）做创造实际价值的创新者

在这里不得不提的是，另一个取舍的原则是透过表象看清本质。比如，关注工作的实际价值，而不是公司的内部考核目标。

很多人只是关注自己是否能够完成公司的考核目标，而工作成绩出色的人不这样做。他们总会问一个关键问题："我的工作能创造出什么实际价值?"

在他们看来,为客户和他人创造的价值才是实际价值,完成考核目标只是为自己创造价值。

很多时候工作出色的人确实也很努力,但他们之所以出色,并不主要因为他们天资更好、更努力,而是因为他们有勇气在别人加班加点的时候精简工作,在别人向过多的工作说"好"的时候说"不",在别人只顾内部目标的时候追求价值,在别人满足现状的时候成为职场中的创造者。

以上就是我对一些人生选择和取舍上提供的3个参考,希望能对你有所帮助。

4个阶段、14个方向、42个问题，看透职场发展全过程

职场，一直是绝大多数人不可绕开的一个话题。

从毕业进入职场，一直到退休，可以肯定的是，有不少人耗尽大半生的精力和时间都会在职场上游走，或挣扎求生，或养家糊口，或实现抱负，或造梦追梦。

职场是个炼金炉，能淬炼废铁，也能锻造金银；职场也是修罗场，可结交伙伴，也会被人所伤。

进入职场，意味着你要开始考虑方方面面的问题，从求职到入职，从离职到待业，这中间牵扯着大大小小数不清的问题和流程，稍有不慎，职场生涯便会受到阻碍和影响。

在这篇文章中，我从4个阶段、14个方向、42个问题中，帮你更好地梳理职场思路。当然，每个人都有自己对职场的认知和理解，我也只是基于自己的切身经历和看法，在此提供一个参考。

1
求职篇

很多人提起求职，最先想到的就是写简历，然后在各大网站海投一遍，再在各种焦急中等待HR们打电话邀约面试。

这种方式虽然谈不上有错，但是在这个凡事讲究"精准打击"的时代，多少有点儿不适用了。且不说HR一天要看上百份简历，没有时间看，就算是HR真有时间看了，也不一定就看得上这种"事前无调查"的海投简历。

有句话说得好，凡事不打无准备之仗，在职场求职，小到简历准备，大到接受面试，每一个环节都值得你付出超过常人2倍的时间去筹备和研究。

因为对于阅人无数的面试官而言，你有没有准备，甚至准备到何种程度，你一张口说话对方便会知晓。既然如此，在求职阶段，我建议每一位求职者，尤其是职场新人都应该做好充分的准备。

在求职阶段，我建议从以下4个方面进行梳理和准备：

（1）简历准备

简历是个人信息和职场技能的一张综合说明表，更像一张在职场上的"身份证"，在面试官不认识你和对你不是特别了解的情况下，一张好的简历无疑是让你在众多求职者中脱颖而出的最佳利器。

在正式开始求职时，简历无疑是第一重点关注对象，在这个时候，你需要考虑以下3个问题：

①简历是什么？

②为什么好的简历"都不太讲真话"？

③HR无法拒绝的简历怎么写？

即了解到简历的具体内容是什么、好的简历为什么不是写满的，以及什么样的简历是HR无法拒绝的。完成了关于这3个问题的准备，你至少可以拿得出一份见得了面试官的简历了。

（2）公司调研

要记住，在任何时候做选择永远是相互的，职场也一样。没必要把自己放在一个低姿态的位置，如果觉得不合适大可不必求着、哄着让对方接纳自己，那样只会让自己越来越被动，而且也并不是所有的公司都值得加入。

为了避免加入一家不靠谱且浪费时间的公司，不妨提前做好"公司调研"。如果说简历是对自己的说明，那么在挑选和自己相契合的公司时，就要了解清楚这家公司的"身份证"，你甚至还要想办法了解清楚这家公司是否存在"做假证"的违规行为。

所以在公司调研方面，建议你可以从以下3个方向入手：

①调研公司最需要看哪些方面？

②为什么说有些公司去了就是入坑？

③什么样的公司才值得去？

也就是说，至少你要知道自己应该调查什么、知道哪些公司不该去，以及哪些公司值得去。

（3）接受面试

经过准备简历和调研，恭喜你，终于有心仪公司的HR通知你去面试，这个时候，千万别什么都不准备就贸然赴约。

为了提高面试通过率，或者说为了给面试官留下一个好印象，你至少可以先和对方沟通，约定好一个时间，提前给自己留下一个准备和缓冲的时间。

从你接受面试的那一刻起，你至少需要思考下面这3个问题：

①接受面试前你还需要做什么准备？

②为什么太急的面试不要接？

③如何从面试中判断这家公司是否值得加入？

在这3个问题中，你要仔细想好，接受面试时你要做好哪些准备，这些准备足以让你筛选出不靠谱的公司，甚至可以让你在面试中就可以判断有些公司压根儿就没必要加入。

（4）面试过后

不知道你在面试的最后环节，有没有遇到面试官问你这些问题："你有什么缺点？""你有什么想问的？""你对前公司是怎么看的？"

这些问题看似没有什么问题，实则暗含深意，回答时如果没有拿捏好分寸，很可能掉入面试官的圈套。如果面试官对于业务上的问题闭口不谈，反而在这些容易发生分歧的问题上大做文章，对方很有可能在打压你。

如果是这样，建议你不要再浪费时间去给别人陪跑了。

所以，在这个环节，建议你思考以下3个问题：

①面试后有哪些选项最加分？

②为什么说有些面试注定就是陪跑？

③如何证明自己有机会拿到心仪的录取通知？

经过这4个环节，如果心仪的公司也给你发来了入职录取通知，你就可以进入第2个阶段，也就是关于入职阶段的相关准备。

当然，一旦入职也就意味着你的职场生涯正式开启，不管如何，还是要说一句："恭喜你！"

2
入职篇

当然，除了恭喜你之外，还得提个醒，在这个阶段你要做的是，不仅要让当下的领导满意，更要让你未来的领导满意。这个过程用薛兆丰教授的话说就是："你要懂得为自己的简历打工。"

因为一旦入职，你在职场上的成长飞轮也就应该相应地转动起来：从入职准备到职场相处，从职场瓶颈到职场技能，每一步都值得你花费心思去思考、去准备、去执行。

吴军老师曾经在《全球科技通史》新书发布会上，谈过一个观点：科技是我们在人类文明的各种因素中唯一能带来可叠加式进步的力量。

什么叫可叠加式的进步？打个简单的比方：你今天有一元钱，明天有两元钱，后天有四元钱，再后天有八元钱……这么挣下去就是可叠加的。但如果你每天都只挣一元钱，就只是简单的递增了。

细心一点儿，你会发现，其实在职场很多人也会留心找到自己"叠加式进步的力量"，有可能是独一无二的技术壁垒，有可能是无可替代的职场资源，也有可能是强且有力的执行能力。

无论如何，你总要找到一个自己可以积累"叠加式进步"的基点，找到这个基点，才有机会越走越远，力量越积越大。

在入职阶段，我建议你可以从以下4个方向进行梳理和准备：

（1）**入职准备**

既然已经选择了一家公司，从某个方面上来说就是对这家公司的选择和信任。如果不想太晚发现自己的选择不对，建议在入职前擦亮眼睛，所谓"男怕入错行，女怕嫁错郎"，职场上的错误选择而导致的后果一点儿也不亚于一场失败的婚姻，除了钱财上的消耗折损，更有精神上的巨大影响。

所以，到了这一步，建议你思考以下3个问题：

①收到录取通知到入职前，该做什么准备？

②入职时，该如何做自我介绍？

③如何在入职后，判断公司适不适合自己？

当你思考完这3个问题之后，至少可以给自己设置一道职场保险杠，避免因为准备不充分而导致的职场麻烦，同时也能更好地在用人单位面前体现出你的用心和细心。

（2）**职场相处**

"有人的地方，就有江湖。"这句话，在职场尤甚。既然入职了，该面对的都需要面对，有时候在职场上的相处也是一门学问，而学问有时候往往就来源于身边的那些看似无关痛痒的小事。

比如在职场有问题又苦于找不到方法时，该问谁？经常有老同事看你资历浅欺负你，怎么办？遇到一个自己不喜欢的上司，想辞职了行吗？

或许等到三五年之后，当你告别那个懵懂无知的自己，才发现原来这一切都是那么轻松，可是在职场有多少人能轻松地熬过三五年？

所以，我想在这3个问题里，尽可能帮你说清楚职场相处的那些事：

①在职场上如何正确社交？

②有问题，在职场该如何提？

③遇到恶意竞争，是忍过去还是直接怼回去？

（3）职场瓶颈

既然在职场上工作了，就不能不提到"职场瓶颈"这4个字了。时间久了，不管你是谁，总会遇上一些问题和麻烦，重要的是你如何去化解和跨越它们。

还有的时候，职场瓶颈就像一座山，这山是由各种难题堆积而成的，这世界上有很多聪明人，但到最后翻过这座山的寥寥无几。

我特别喜欢吴晓波老师的一句话："我一直相信简单与重复的力量，认准一件事情，用岁月去喂养它，在日复一日的机械式的重复中，让它发出光来。"

如果你已经走到了这座山的面前，请你先想想这3个问题：

①在工作中缺乏方向感，怎么办？

②业绩不好、KPI不达标，如何缓解职场瓶颈？

③职场时间管理混乱，常常被人打乱工作节奏怎么办？

（4）职场技能

学习，是为了更好地解决问题。特别是当你已经体会到在各类职场难题和瓶颈面前束手无策的时候，更应该在下班后抽出时间来提升你的职场技能。

要知道，很多时候，当一个人从事某个行业或在某个岗位上时间久了，就会不自觉地形成这个职业特定的思维及行为模式。慢慢地，他们的注意力会变得越来越狭窄。

这也是职场上常说的"窄化效应"，就好比经常拿着管子看世界的人，怎么看得到世界的全貌？

所以，如果你想提升自己的职场技能，不妨先思考这3个问题：

①作为职场新人，如何快速进入工作状态？

②如何做好职场时间管理？

③如何为自己的工作争取更多的职场资源？

经历了以上4个环节，再次说声恭喜你，不管你是职场新人，还是一个"老人"，经过这个阶段的培训和磨炼，想必你对职场的认知也已有所提升。至少，你不再是一无所知。

那么，在这个时候你就需要思考第3阶段的问题了，也就是你该考虑离职和跳槽的事情了。

3
离职篇

天下无不散之筵席，职场也是。既然你以前想来，将来就有可能想走，这并不是危言耸听，也不是怂恿你跳槽离职。而"离职"这两个字，本就是你职场生涯漫漫长路中紧密的一环。

有人因为老板器重而升职，就有人因为钱不到位而离职；有人留下并且实现人生抱负，就有人因为逐梦无门而离开；有人人到中年被无辜裁员，就有人年纪轻轻成一方统领。

有时候，离开并不是不能留下，而是有更好的选择。

所以谈到这里，关于职场的涨薪晋升和离职跳槽，也就成为这个阶段我们不得不面对的一个话题。在这一部分我想从"职场晋升""薪资待遇""离职跳槽"3个方向进行解释和说明。

（1）职场晋升

2021年2月25日，查理·芒格担任董事会主席和大股东的Daily Journal股东大会如期召开，在谈及如何投资时，芒格表示："好的投资都是价值投资。有些人可能在强大的公司当中看到投资价值，有些人可能在一些公司还比较弱小的时候就看到了它的价值。"

其实，这句话放在职场上也合适。职场晋升，代表着公司对你的肯定，同时也代表着公司对你的价值投资。只不过有些人在初出茅庐时就得到提升，而有些人的晋升则多少有些属于大器晚成。

关于晋升的说法和学问实在太多，这里我想先从这3个角度进行说明：

① 如何突破职场中年危机？

② 业绩好、能力强，为什么晋升总没有自己？

③ 30多岁还没有做到管理岗位，还有希望吗？

职场晋升，常常是一场漫漫长征，但值得你牢记的是：好的投资都是价值投资，如何让自己在职场变得有价值，这才是最值得思考的问题。

（2）薪资待遇

英国作家王尔德在戏剧《无足轻重的女人》中说过一句关于猎狐的名言："不可言说之物追求不可食之物。"这句话可直译为"猎狐是一群无可言说的恶棍，追逐着一群不可食用的东西"。

其实，我觉得每一个职场人也应该持有这样的思想，明白自己该追寻什么样的职场目标，就像有人只追求一日三餐，也有人想在职场实现自己伟大的抱负和理想。

这些都没有问题，选择不同的时候，方向自然也就不同了。

关于薪资待遇，确实也是我们不得不直面的一个话题，这个方面，建议你从3个方向去思考：

① 入职时，公司无法兑现承诺该怎么办？

② 在公司提涨薪，该如何和领导沟通？

③ 老板鼓励我好好干，我要怎么判断老板是不是在"画饼"？

（3）离职跳槽

本杰明·富兰克林曾如是说："如果我有选择的话，我不会反对重新把我的生活过一次。"同理，如果在职场的此时此刻，你的脑海里也有这样的想法，那你暂时还是离离职跳槽很远。

真正的离职跳槽，大多数更像是一场蓄谋已久的离别，或是因为钱不到位，或是因为受了委屈。无论如何，一千种跳槽，就有一千种理由。

但这还不是最重要的，关于离职和跳槽其实可以说的有很多，但我先奉劝一句：跳槽解决的只是短时间内的问题，解决不了职场里的根本问题。

如果现在的你正好遭遇职场跳槽问题，或许可以从这3个方向去思考：

①30多岁，有足够的钱维持生活，想辞职，但怕被社会淘汰，怎么办？

②从传统行业转行到新媒体，该如何突破行业门槛？

③和空降的领导对接不畅，如何才能不被离职？

在这个部分的最后，我想借查理·芒格的一句话作为结尾："长期经商很像生物学，在生物学中，所有个体都走向死亡，最终所有物种也都面临死亡的宿命——资本主义之残酷几乎正是如此。"

其实，这也是职场循环迭代和新旧交替的过程，有人离开就有人进来，而你需要做的恰恰是在合适的时间进来，以及在合适的时间离开。

4
待业篇

查理·芒格在2021年的Daily Journal股东大会中，曾反复提到一个"价值投资"的观点：长期以来，他致力于以低于内在价值的折扣价购买优质企业的股票，并长期持有。价值投资的目标向来是获得比股票买入时的市价更高的价值，这种方法永远不会过时。

好的投资都是价值投资。其实，这个观点在职场上，尤其是当你离职后的那段时间，尤为适用。

这也是我将要谈到的最后一个阶段，也就是我们在离职后的待业阶段该怎么办？

我们未尝不可以将自己当成一个标的，进行经营和投资，有很多事情完全是你可以着手去做的。

我记得艾森豪威尔的母亲曾经和他说过一段话："你必须用你手中的烂牌继续玩下去，发牌的是上帝，不管是怎样的牌，你都必须拿着，你要做的就是尽你全力，求得最好的结果。"

真正的职场高手，不在于拿一手好牌，而在于打好一手烂牌。沿着这个思路去想，或许你的职场低谷期，就是上帝在为你设的一道人生赌局呢？

不管怎样，既然谈到了这里，关于职场待业我也为你总结了3个思考方向：

（1）职场副业

既然进入待业期，收入自然成了首要的问题。

这几年很多人都提过"职场副业"，关于这个话题众人褒贬不一。有人说主业都没做好，又花时间搞副业，结果是得不偿失；也有人说多个职业多条路，总不能眼睁睁地看着自己饿死。

这两种说法都对，因为每个人表达的语境和立场不同。但我想说的是，如果你一直在纠结"要不要做副业"，你不妨可以考虑一下"谁损失大，谁就行动"的说法。

如果今天不做副业，你就活不下去，那就可以做了。但如果仅仅是羡慕别人搞副业多赚了点儿钱，就跟风搞副业而耽误自己的主业，多少就有点儿本末倒置了。

关于"职场副业"，在这里为你提供3个思考方向：

①想发展副业，不知道从何入手，怎么办？

②想把副业变成主业，但又不敢全部投入怎么办？

③业余时间发展副业，总觉得精力、时间不够用，怎么办？

当然，我个人觉得比副业更值得花时间去经营的，是你的专业技能。

（2）自我提升

在如今这个知识付费的时代，你不说自己曾经买过几堂课都不好意思了。

但真正的自我提升只靠几堂课可能还不行，有时候改变往往来源于更深层次的操作。

教育专家沈祖芸在《全球教育报告》中谈过"顺丰机器人派送"的案例：要说自动化替代人力，未来有了无人送货车、配送机器人，快递员这个职业可能就危险了。

但顺丰认为，未来快递员这个职业仍然会存在，不过这些快递员会更注重过人的洞察。比如了解社区里不同家庭的消费水平、生活习惯、特殊需求，然后给机器人重新设定程序，实现个性化服务，而这需要快递员获得一系列新的能力，包括同理心、沟通能力、解决问题的能力和编程能力，等等。

其实在任何时候自我提升都是助你在职场上升的重要环节，关于如何进行更好的自我提升，我为你提出这3个方面的思考：

①想在业余时间提升自己，如何学习才更有效？

②为什么我的自律总是坚持不到最后？

③如何把工作经验总结出来并形成方法论？

（3）**思维拓展**

既然到了职场待业的低谷期，不妨借这个机会好好复盘自己为什么会走到这一步？是内部原因占比大，还是外部原因大，抑或是双方都有问题？

在思考的过程中，你会发现之前职场上的一些问题，压根儿就不是问题。原因之一是你把精力和资源投入解决现有的问题上，忽略了解决那些根本性的问题。

比如你看似勤奋，每天忙得不可开交，实际上却是被一个又一个问题"牵着鼻子走"。你总想做很多事情，觉得自己精力满满，结果发现很多事压根儿就不用做。

说到底，都是做事的思维出了问题，关于如何进行"思维拓展"，在这里我也提出3个方向供你思考：

①看了很多书但是不系统，如何进行梳理？

②如何通过阅读开阔自己的视野？

③如何在陌生的大都市，快速搭建自己的人脉网？

关于待业我也想多说一句：有时候，低谷期往往也预示着下一个高潮期的到来。陈春花老师有句话说得好："成长的力量源于学习，而学习的本质是一种意愿，是一种自我扩充……真正懂得成长的人，必然懂得自我约束，以此促进自我的心智成熟。"

如果你刚好也处于这个时期，何不给自己一次走向心智成熟的机会？

《荷马史诗》中有这样一句话："正如树叶的枯荣，人类的世代也是如此。"秋风将树叶吹落到地上，春天来临，林中又会长出新的绿叶，人类也是一代出生、一代凋零。

我想，职场中的迷人之处也尽在于此，一代代职场人为生活、为理想、为抱负、为目标前赴后继，一代凋零，一代繁盛，这才有了改革开放以来的长足发展和质的跨越，而这些伟大的成功离不开每一代职场人的无私奉献。但愿生在这个时代的你我，都能不负自己的使命，早日完成你的价值投资。